Herzsprung
Verlag

Impressum:
© 2024 – Herzsprung-Verlag
www.herzsprung-verlag.de
info@herzsprung-verlag.de

Mühlstraße 10 – 88085 Langenargen – Deutschland
Alle Rechte vorbehalten. Deutsche Erstauflage 2023. Das Werk einschließlich aller seiner Teile ist urheberrechtlich geschützt.

***

Autoren: Meng Zemin, Yang Zhengyong
Originalausgabe erschienen: Hubei Science and Technology Press Co., Ltd. Copyright-Managerin (China): Hu Sisi
Übersetzung: Cui Can
Lektorat: Alexander Schlote

Copyright-Agent der deutschen Ausgabe:
Beijing IntelWave International Culture Communication Co., Ltd.

iw@iwculture.com

***

Druck: Bookpress - Polen

ISBN: 978-3-96074-853-3 - Taschenbuch
ISBN: 978-3-96074-854-0 - E-Book

Das Himmelsauge Chinas

Meng Zemin
Yang Zhengyong

Herzsprung-Verlag

Inhalt

Vorwort

Stets im Einklang
mit den nationalen Interessen handeln

Eingebettet in die zahllosen majestätischen Berge des südlichen Guizhou liegt ein riesiger „Himmelstopf", der mit seiner silbernen Farbe eine königliche Eleganz ausstrahlt, die ihn zugleich feierlich und gelassen wirken lässt. Die gleichmäßig angeordneten dreieckigen Reflexionspaneele an den Wänden des Topfes glänzen dabei wie die Rüstung eines Himmelsgeistes. Rund herum angeordnet sind sechs hoch aufragende Eisentürme. Sie erscheinen wie Speere, mit denen er den Himmel behütet.

Das strahlende Sternenzelt über seinem Kopf und ringsum umgeben vom üppigen Grün der Berge: Zusammen mit Himmel und Erde gibt dieser Topf ein harmonisches und prächtiges Bild ab.

Er schaut auf die funkelnde Milchstraße und lauscht den Klängen des Universums!

Gemeint ist Chinas weltberühmtes „Himmelsauge", derzeit mit 500 Metern Öffnungsweite das größte und empfindlichste kugelförmige Radioteleskop der Welt (im Folgenden abgekürzt als Chinas Himmelsauge, Himmelsauge oder FAST)! Von Konzeption, Standortwahl und Voruntersuchung bis zu Genehmigung, Bau und Inbetriebnahme hatte Chinas Himmelsauge bereits eine lange Reise von 23 Jahren hinter sich, als es am 25. September 2016 damit begann, eine ganze Reihe großartiger wissenschaftlicher Forschungsergebnisse zu erzielen.

In einem Glückwunschschreiben des Generalsekretärs Xi Jinping zur Inbetriebnahme dieses Fünfhundert-Meter-Apertur-Kugelteleskops hegte er die Hoffnung, dass die Teilnehmer des Projekts sich weiter beharrlich darum bemühen werden, den Pioniergeist voranzubringen. Er forderte dazu auf, den Geist der Einheit und des gemeinsamen Vorgehens zu stärken und diese bedeutende wissenschaftliche Infrastruktur auf hohem Niveau zu verwalten und zu betreiben. Des Weiteren wünschte er sich von ihnen möglichst bald und möglichst viele hochwertige Forschungsergebnisse, auf dass von dort immer neue und größere Beiträge auf dem Weg Chinas zu einem Land der Innovation und zu einer weltweit führenden Wissenschaftsnation geleistet werden mögen.

Nun ist das Himmelsauge Chinas schon über vier Jahre alt. In diesen mehr als vier Jahren hat das FAST nicht nur eine Reihe von bedeutenden wissenschaftlichen Ergebnissen erzielt, sondern auch den zuvor unbekannten Ort Pingtang in einen international anerkannten Forschungsstandort für Astrowissenschaften verwandelt, zu dem auch Ausflüge zum Zwecke der astronomischen Bildung unternommen werden. Innerhalb von Guizhou hat es sich zu einem beliebten Reiseziel für chinesische wie ausländische Touristen entwickelt und maßgeblich zur Armutsbekämpfung im Pingtang-Kreis sowie in Qiannan und ganz Guizhou beigetragen.

Das FAST – Die Verkörperung eines selbstbewussten Chinas, das auf Eigenständigkeit und Stärke setzt.

Das FAST ist eine groß angelegte wissenschaftliche Einrichtung und dient der unabhängigen Wissensproduktion. Von chinesischen Wissenschaftlern innovativ entworfen, entwickelt, hergestellt und betrieben, erzielt sie drei unabhängige Innovationsleistungen: Erstens wurde auf einzigartige Weise ein natürliches Karst-Becken als Standort für das Teleskop genutzt, um die Hundertmetergrenze üblicher Teleskopkonstruktionen zu durchbrechen. Zweitens hat man eine aktiv deformierbare Reflektoroberfläche unabhängig erfunden, die geeignet ist, elektromagnetische Wellen in der Beobachtungsrichtung zu fokussieren. Drittens gelang die Entwicklung eines leichten Seilaufhängungssystems mitsamt eines Parallelkinematik-Roboters zur Unterstützung der Empfangseinheit des Teleskops, was eine präzise Ausrichtung und Verfolgung ermöglicht.

Vom Konzept bis zur Fertigstellung und Inbetriebnahme wurden Technologie und Materialien vollständig unabhängig in China entwickelt, produziert und verarbeitet. So gelang es, das FAST zu einer Einrichtung zu machen, welche die hohen Ideale des Teams, insbesondere die von

Herrn Nan Rendong, der sein Ziel eigenständig, energisch und beharrlich verfolgte und als „Vater des chinesischen Himmelsauges" gilt, voll und ganz verkörpert.

Das Erste, was das Himmelsauge seinem Betrachter vermittelt, ist ein Gefühl schierer Größe: Öffnungsdurchmesser und Tiefe der Reflektorfläche betragen respektive 500 und 146 Meter. Somit benötigt man ganze 40 Minuten, den Umfang des großen „Topfes" abzulaufen. Die Fläche ist so groß wie 30 Standard-Fußballfelder, womit es sich um das größte Einzelapertur-Radioteleskop mit riesigem Durchmesser weltweit handelt. Es verfügt über eine erstklassige Empfindlichkeit und umfassende Leistungsstärke. Es kann sich in Echtzeit mit den Himmelskörpern mitbewegen und sich aktiv verformen, indem es die 4450 Reflexionsplatten auf dem Stahlseilnetz automatisch in eine parabolische Form verändert. Die Geheimnisse des Universums können so in Form von elektromagnetischen Wellen eingefangen und ausgewertet werden.

Während der langen Entwicklungs- und Bauphase hat der Westen umfassende technische Blockaden gegen den Bau des großen Radioteleskops in China verhängt. Unter der Führung von Nan Rendong musste das Team von Grund auf angefangen und während der Forschung und Experimente das Futterhaus, die Reflektorfläche und das Seilnetz komplett selbst entwickelt. Nach der Fertigstellung wurde es zu einem einzigartigen Projekt in China: Im Vergleich zum 100-Meter-Radioteleskop des Bonner MPIfR, das als „größte Maschine auf dem Boden" gilt, hat das Himmelsauge in etwa die zehnfache Empfindlichkeit. Und verglichen mit dem 305-Meter-Teleskop in Arecibo, USA, hat FAST die zehnfache Gesamtleistung. Es ist daher zu erwarten, dass es auch in den nächsten 20 bis 30 Jahren seine Position als erstklassige internationale Einrichtung behalten wird.

Das Himmelsauge verkörpert das unbeirrbare Streben nach Pioniergeist, Innovation und Vorreitertum.

Inmitten des intensiven internationalen Wettbewerbs können nur diejenigen vorankommen, die aufgeschlossen und innovativ sind.

Im März 1994 stellte der Forscher Nan Rendong auf Grundlage der ursprünglichen Entwurfsidee sein Konzept für Chinas Himmelsauge (damals noch als Großes Radioteleskop bezeichnet) vor. Er hielt sein Versprechen und begann mit seinem Team noch im selben Jahr mit der Standortauswahl für das Projekt. Da anfangs noch mehr als eintausend potenzielle Standorte infrage kamen, ging es für sie von einer mühsamen Geländeuntersuchung zur nächsten. Nachdem sie einige Zeit die grünen Berge durchstreift hatten, wurde schließlich am 14. Juli 2006 der Standort Dawodang im Pingtang-Kreis ausgewählt. Dies allein nahm also schon zwölf Jahre in Anspruch.

Im Jahr 2001 wurde das Himmelsauge Chinas als bedeutendes Technologieprojekt offiziell genehmigt. Im November 2008 genehmigte die Nationale Entwicklungs- und Reformkommission die Machbarkeitsstudie. Am 26. Dezember desselben Jahres, dem 115. Geburtstag von Genossen Mao Zedong, fand die Grundsteinlegung in Dawodang statt.

Von der Idee bis zur theoretischen Validierung des Projekts, gefolgt von Modellversuchen und der erfolgreichen technischen Überwindung, vergingen 18 Jahre. Am 25. März 2011 begann der Bau des Himmelsauges und dauerte fünfeinhalb Jahre, bis es fertiggestellt und in Betrieb genommen wurde, mit einer Gesamtinvestition von fast zwölf Milliarden Yuan. Im September 2016 war der Hauptteil fertiggestellt, zu diesem Zeitpunkt litt Professor Nan Rendong bereits an Lungenkrebs, aber er arbeitete unermüdlich und war persönlich Zeuge davon, wie das Himmelsauge nach 23 Jahren harter Arbeit begann, Signale von Pulsaren aus den Tiefen des Universums zu empfangen.

Das Himmelsauge hat nicht nur die Innovation und Entwicklung neuer aufstrebender Industrietechnologien in China vorangetrieben und erhebliche sozioökonomische Vorteile gebracht, sondern auch zu einem Leuchtturm für die wirtschaftliche und soziale Entwicklung von Pingtang, Qiannan und sogar Guizhou geworden. Besonders stolz macht es, dass China mit dem größten Radioteleskop der Welt einen Sprung nach vorne gemacht hat und das Niveau der astronomischen Forschung in China an die Spitze der Welt gebracht hat.

In den letzten Jahren haben chinesische Wissenschaftler und Bauherren mit einer Reihe von Superprojekten chinesische Wunder geschaffen: Vom grünen Gebäude (LEED CS) Shanghai Tower bis zur Hongkong-Zhuhai-Macau-Brücke über das Meer, vom Himmelsauge bis zum bemannten Forschungs-U-Boot Jiaolong („Flutdrache"), von bemannten Raumflügen bis hin zu Hochgeschwindigkeitszügen. Chinas Weisheit und Geschwindigkeit haben immer wieder den Glanz des modernen Chinas gezeigt, was die Menschen stolz macht und die Welt beeindruckt hat.

Das Himmelsauge verkörpert den Geist der ständigen Verbesserung und des Strebens nach wissenschaftlicher Exzellenz.

Dieses massive Bauwerk aus Stahl und Beton hat einen Umfang von 1,6 Kilometern, und die sechs Türme, die den Ringbalken, das Kabelnetz und die Unterstützungskabine tragen, bestehen aus mehr als 10.000 Tonnen Stahl, während für die Reflektoren über 2000 Tonnen Aluminiumlegierung verwendet wurden. Obwohl es groß und schwer ist, ist es keineswegs grob, sondern überall auf Millimeter genau kontrolliert. Im Gegensatz zu ausländischen Radioteleskopen kann die Zuführungskabine des FAST bewegt werden und das Gewicht des Plattformträgers wurde von den üblichen Tausenden von Tonnen auf 30 Tonnen reduziert. Die Struktur des Kabelnetzes ändert sich automatisch mit der Bewegung der Himmelskörper und bewegt jede einzelne Reflektorplatte auf dem Kabelnetz, um das Teleskop zur Brennlinie zu bewegen und so Himmelskörper in einem Winkel von bis zu 40° über dem Zenit in beliebige Richtungen zu beobachten.

Das Himmelsauge kann elektromagnetische Signale aus einer Entfernung von bis zu 13,7 Milliarden Lichtjahren empfangen und seinen Beobachtungsbereich bis an den bekannten Rand des Universums erstrecken. Zahlreiche einzigartige Technologien machen es zu einem Spitzenreiter unter den Radioteleskopen weltweit. Seit seiner Inbetriebnahme hat es eine umfassende Leistung erreicht, die international führend ist. Bereits mehr als 300 Pulsare wurden entdeckt und bedeutende Fortschritte in Bereichen wie Spektrallinien und schnellen Radioblitzen erzielt. Mit weiteren Forschungen wird das Himmelsauge noch mehr kosmische Geheimnisse für die Menschheit enthüllen und einen noch größeren Beitrag leisten. In der heutigen Astronomiebranche kann man das Himmelsauge sowohl technologisch als auch in Bezug auf die Integration der Disziplinen mindestens für die nächsten 30 Jahre als „einzigartiges Meisterwerk" oder „Spitzenprodukt" bezeichnen.

Das Himmelsauge verkörpert den patriotischen Charakter und die Hingabe sowie das Verständnis für das große Ganze.

Wissenschaftler wie Peng Bo, Nie Yueping, Zhu Boqin und Professor Nan Rendong waren alle in ihren Dreißigern, als sie sich in ihrer Blütezeit des Lebens zusammenschlossen und über ein Jahrzehnt lang in den fernen und armen Bergen kämpften.

In der Anfangsphase der Standortauswahl haben das Parteikomitee, die Regierung oder normale Bürger von Guizhou, insbesondere Pingtang, den Wissenschaftlern enthusiastisch hochwertige Dienstleistungen angeboten und rechtzeitig verschiedene geologische, meteorologische und Funküberwachungsdaten bereitgestellt, um den Experten ein umfassendes Verständnis von Pingtang zu ermöglichen und den Grundstein für die Auswahl des Standorts des Teleskops zu legen.

Nach der offiziellen Genehmigung des Projekts war die Unterstützung von Pingtang eher wie eine Schlacht. Trotz finanzieller Schwierigkeiten investierte Pingtang mehr als 37 Millionen Yuan in den frühen Bau des FAST-Standorts, um temporäre Büros, Brunnen, spezielle Stromleitungen zu bauen und die Umsiedlung von zwölf Haushalten in Dawodang durchzuführen. Über 1000 Beamte wurden mobilisiert, um sich auf die Umsiedlung der Kernzone des FAST-Projekts, Landbeschlagnahmung sowie Wasser-, Strom- und Straßeninfrastruktur vorzubereiten.

In der späteren Phase des Baus siedelte Pingtang 8097 Menschen aus 1794 Haushalten in 35 Dorfgemeinschaften in zwei Städten und acht Dörfern der Kernzone um. Ohne die Zusammenarbeit und Unterstützung der Bauer wäre dies nicht möglich gewesen. Von der zwölfjährigen Standortauswahl bis zur Grundsteinlegung am 26. Dezember 2008, über Landbeschlagnahmungsmobilisierung, Umsiedlung, Bauprojekte bis hin zum reibungslosen Betrieb des Teleskops hat Pingtang herausragende Beiträge geleistet.

Nan Rendong teilte seiner Familie einmal mit: „Ich möchte wirklich nicht, dass sich jemand an mich erinnert." Selbst sein letzter Wunsch war „eine einfache Beerdigung, ohne Trauerfeier". Er wollte sauber und still gehen und hinterließ die Bescheidenheit und den Charakter eines Wissenschaftlers.

Das Himmelsauge verkörpert den Geist der Einheit und des gemeinsamen Fortschritts sowie die hervorragende Arbeitsmoral bei der Zusammenarbeit.

Von der Idee des Himmelsauges im Jahr 1993 bis zur offiziellen Genehmigung im Jahr 2007 entwickelte sich das Projekt von einer Forschungsgruppe mit weniger als fünf Personen zu einem Team von über hundert Leute. Als das Projekt 2011 offiziell begann, waren fast 200 nationale Universitäten, Unternehmen und Forschungseinrichtungen wie die Tsinghua-Universität, die Polytechnische Universität Harbin und die Universität für Elektrotechnik und Elektronik Xi'an direkt am Bau dieses bedeutenden wissenschaftlichen Projekts beteiligt. Alle Beteiligten gehören zu den führenden Einrichtungen in China in Bezug auf technologisches Niveau und Forschungskompetenz in ihren jeweiligen Fachgebieten.

Im Jahr 2010 durchlief das Himmelsauge eine beinahe katastrophale Prüfung: Das Kabelnetz bestand die Ermüdungsprüfung nicht. Über 700 Tage lang und fast hundert gescheiterte Versuche später gelang es schließlich unter der Leitung von Nan Rendong ein Stahlseil zu entwickeln, das den Anforderungen des FAST entsprach. Diese eigenständige innovative Technologie wurde erfolgreich bei anderen bedeutenden Projekten wie der Hongkong-Zhuhai-Macau-Brücke eingesetzt.

In der schwierigen Umgebung von Dawodang haben mehr als 5000 Wissenschaftler, Ingenieure, Arbeiter und Manager ihre Anstrengungen in den intensiven und geordneten Bau investiert. Die Installation der komplexen Reflektoren dauerte ganze elf Monate und war eine äußerst schwierige Hochmontage-Arbeit. Der hervorragende Geist der Zusammenarbeit und des gemeinsamen Fortschritts zeigte sich bei dieser schwierigen Aufgabe in vollem Umfang.

Der leitende Wissenschaftler und Chefingenieur Nan Rendong hat mit seiner Weisheit und seinem großartigen Charisma die ältere, mittlere und jüngere Generation von Technikern vereint und sie dazu geführt, dieses gewaltige Projekt bis zur Perfektion zu bringen. Dadurch hat er in der Geschichte der Astronomie einen neuen Höhepunkt für China geschaffen und es zu einer einzigartigen Legende in der Welt gemacht.

Am Morgen des 5. Februar 2021 traf Generalsekretär Xi Jinping in Guiyang persönlich die Verantwortlichen und Schlüsselpersonen des Himmelsauges, um sich über den Bauverlauf, technische Innovationen, internationale Zusammenarbeit und andere Aspekte zu informieren. Xi Jinping betonte, dass das Himmelsauge Chinas eine wichtige wissenschaftliche Infrastruktur des Landes sei, ein Instrument zur Himmelsbeobachtung und ein nationales Schwerpunktprojekt. Es habe einen bedeutenden Durchbruch im Bereich der Spitzenforschung in China ermöglicht. Eine große Anzahl von Wissenschaftlern, angeführt von Nan Rendong, habe daran uneigennützig gearbeitet, was sehr bewegend sei. Nachdem er sich per Videoübertragung den Standort angesehen und mit Vertretern der Kontrollzentrale gesprochen hatte, ermutigte Xi Jinping die Techniker, das Vorbild herausragender Wissenschaftler wie Nan Rendong zu folgen und den Geist der Wissenschaftler kräftig zu fördern. Er forderte sie auf, mutig die Gipfel der weltweiten Technologie zu erklimmen und einen neuen und größeren Beitrag zur Beschleunigung des Aufbaus eines starken Landes im Bereich der Wissenschaft und Technologie sowie zur Verwirklichung der wissenschaftlichen Selbstständigkeit und Stärke zu leisten.

Das Himmelsauge, ein nationales Instrument und Werkzeug, wird China in ein „goldenes Zeitalter" der Astronomie führen. Nan Rendong sagte einmal: „Der schöne Weltraum ruft uns mit seiner Mystik und Pracht dazu auf, die Mittelmäßigkeit zu überwinden und in die unendliche Weite einzutreten." Heute sollten wir den Geist des Himmelsauges lernen, innovatives Denken fördern, nationale Verantwortung stärken, menschliche Gefühle entwickeln und die heilige Mission der Seelenbildung übernehmen. Mit größerem Vertrauen sollten die Chinesen sich auf den neuen Weg machen, um ein sozialistisches modernes Land umfassend aufzubauen.

Es gibt derzeit noch keine ausführlichen literarischen Werke, welche die zahlreichen Heldentaten bezüglich des Himmelsauges und dessen Geist beschreiben und wiedergeben. Meng Zemin aus Qiannan, als Mitglied der Revolutionären Komitee Chinas mit Verantwortungsbewusstsein, als Angehöriger des Bouyei-Volkes und als national anerkannter Schriftsteller in der Reportageliteratur hat durch fleißige Interviews und Arbeit zusammen mit einem anderen Autor Yang Zhengyong eine ergreifende Aufzeichnung über die Geburt von FAST geschaffen: Eine Hymne an das Zeitalter der technologischen Dienste für China beim Blick in den Sternenhimmel. Ihre stille Hingabe und Anstrengungen sind eine Umsetzung der sozialistischen Kernwerte und verdienen Anerkennung. Daher verfasste ich dieses Vorwort.

Zheng Jianbang
Feb. 2021

(Herr Zheng Jianbang ist stellvertretender Vorsitzender des Dreizehnten Nationalen Ausschusses der Politischen Konsultativkonferenz des chinesischen Volkes und stellvertretender Vorsitzender des Zentralkomitees des Revolutionären Komitees der chinesischen Kuomintang)

Einleitung

Im Jahr 1993 stellte Dr. Nan Rendong, ein international renommierter Astronom und der stellvertretende Direktor der Pekinger Observatorien der Chinesischen Akademie der Wissenschaften (2001 umbenannt in Nationale Astronomische Observatorien der Chinesischen Akademie der Wissenschaften), die Idee vor, in China ein großes Radioteleskop zu bauen.

Das Forschungsteam begann im Jahr 1994 mit der Standortwahl. Von den anfangs mehr als 1000 Kandidaten gelangten immerhin noch 391 in die engere Auswahl und mussten einzeln vor Ort begutachtet, vermessen und so miteinander verglichen werden. Am 14. Juli 2006 entschied man sich schließlich für ein Gebiet in der Großgemeinde Kedu im Pingtang-Kreis des autonomen Bezirks Qiannan der Bouyei und Miao in der Provinz Guizhou. Dort also sollte jenes 500-Meter-Apertur-Kugelteleskop (Five-hundred-metre Aperture Spherical Radio Telescope, FAST) errichtet werden, das man später auch als „Chinas Himmelsauge" bezeichnen würde. Um dieses Wunderwerk zu ermöglichen, mussten die Bewohner von Dawodang und der umliegenden 10-Kilometer-Region schweren Herzens ihre angestammte Heimat verlassen, in der sie seit Generationen gelebt hatten.

Offiziell begonnen wurde mit dem Bau von Chinas Himmelsauge am 25. März 2011 in Dawodang. Fünfeinhalb Jahre später wurde es am 25. September 2016 fertiggestellt und schließlich in Betrieb genommen.

Von 1993 bis 2016 haben zahlreiche Wissenschaftler und Bauarbeiter, angeführt von Nan Rendong, ihre Jugend, ihre Geisteskraft und ihren Schweiß investiert, um den alten Menschheitstraum einer Erforschung des Weltraums ein Stück weit Realität werden zu lassen. Von Anfang bis Ende betrachtet haben sich mehr als 5000 Ingenieure, Techniker, Forscher, Arbeiter und Manager in der so beschwerlichen Umgebung von Dawodang am Bau des FAST beteiligt. Unter Überwindung all der Schwierigkeiten, die ihnen der Arbeitsort und insbesondere das dortige Wetter bereiteten, gelang es ihnen, eine Reihe äußerst raffinierter Bautechniken zu entwickeln und mit großem Erfolg umzusetzen. Man kann also sagen, dass Fertigstellung und Inbetriebnahme dieses chinesischen Radioteleskops das Ergebnis des Beharrungsvermögens, der Innovationskraft und des Engagements aller Beteiligten sind. Yan Jun, damaliger Direktor der Nationalen Astronomischen Observatorien und Projektleiter von FAST, sagte treffenderweise: „FAST ist das riesige Auge der Menschheit, das ins Universum schaut. Der Bau dieses Projekts von Grund auf in den tiefen Bergen von Dawodang kann als technisches Wunder bezeichnet werden."

Indem Chinas Himmelsauge eine der natürlichen Senken als Standort nutzt, die sich in der Karstlandschaft von Guizhou finden, erreicht seine Empfangsfläche die Größe von 30 Fußballfeldern. Es ist das größte Einzelapertur-Radioteleskop und verfügt über den breitesten Durchmesser und die höchste Empfindlichkeit in ganz China. Zudem handelt es sich um eine geistige Errungenschaft, die unabhängig erarbeitet wurde. Da das FAST elektromagnetische Signale empfangen kann, die auf ihrem Weg zur Erde schon mehr als 13,7 Milliarden Lichtjahre zurückgelegt haben, reicht sein Beobachtungsbereich bis an den Rand des bekannten Universums. Mit seiner Hilfe können Wissenschaftler Informationen über interstellare Interaktionen sammeln, Dunkle Materie beobachten, die Masse von Schwarzen Löchern bestimmen und sogar nach möglichen außerirdischen Zivilisationen suchen. Zahlreiche einzigartige Fähigkeiten machen es zu einem weltweit herausragenden Radioteleskop. Geduldig schultert das Himmelsauge die Hoffnungen und Erwartungen von Wissenschaftlern, wenn es darum geht, dem Neuen nachzujagen und den Traum der Himmelsvermessung zu verwirklichen. Darüber hinaus verkörpert es die Zukunftsaussichten der Menschen in Guizhou hinsichtlich Wachstum und Wohlstand.

Am 15. September 2017 um 23:23 Uhr Pekinger Zeit, nur mehr zehn Tage vor dem einjährigen Jubiläum der Inbetriebnahme des chinesischen Radioteleskops FAST, verschlechterte sich plötzlich der Gesundheitszustand von Herrn Nan Rendong, dem „Vater des Himmelsauges", der an Lungenkrebs litt und sich gerade in Boston aufhielt. Alle Rettungsversuche blieben erfolglos und er verstarb schließlich. In 23 Jahren harter Arbeit hatte er das Himmelsauge zur Erforschung des

Universums geöffnet. Das 500 Meter durchmessende sphärische Radioteleskop, welches er in Dawodang in der Provinz Guizhou hinterlassen hat, ist somit zu seines Lebens letztem Meisterwerk geworden!

Neben Nan Rendong und den anderen Wissenschaftlern und Ingenieuren haben auch die 310.000 Einwohner von Pingtang einen herausragenden Beitrag zum Bau des Projekts geleistet und sich somit einen Platz in den Geschichtsbüchern gesichert.

Der weit ausladende und schier unendlich scheinende Sternenhimmel hat schon immer die wissenschaftlichen Hoffnungen der Menschheit getragen. Und das chinesische Radioteleskop FAST, das nun offiziell in Betrieb ist, hat noch einen langen Weg vor sich. Wenn es also heißt, das FAST habe den Blick der Menschheit erweitert, dann sind die Menschen der Qiannan-Region logischerweise diejenigen, die den neuen Einsichten in das Universum am nächsten sind. In den kommenden Jahren wird man dort treuer Hüter dieses chinesischen Radioteleskops sein!

Kapitel 1

Das chinesische Radioteleskop
FAST ist in Guizhou entstanden

Als die internationale Fachzeitschrift „Nature" am 15. Dezember 2020 ihre Top 10 der wissenschaftlichen Entdeckungen des Jahres 2020 veröffentlichte, befanden sich darunter auch die Forschungsergebnisse des Radioteleskops FAST im Bereich der schnellen Radioblitze (FRB).

Zum ersten Mal hatten Astronomen schnelle Radioblitze innerhalb der Milchstraße beobachten können. So konnte gezeigt werden, dass die sogenannten Magnetare zu den Quellen schneller Radioblitze gehören. Noch sind sie das einzige Himmelsobjekt, von dem beobachtet und bestätigt werden konnte, dass es schnelle Radioblitze erzeugen kann.

Am selben Tag berichtete eine französische Nachrichtenagentur, dass das chinesische Radioteleskop FAST ab dem 31. März 2021 um 0 Uhr Peking-Zeit für internationale Astronomen geöffnet sein wird. Dies unterstreicht Chinas Vision, ein Zentrum globaler Forschung zu werden, und spiegelt das Konzept einer großen Nation wider, die eine gemeinsame Zukunft für die Menschheit aufbaut!

1.1 FAST ist offiziell
geöffnet und in Betrieb

Am 11. Januar 2020 wurde der als „Chinas Himmelsauge" beziehungsweise als „FAST (Five-hundred-metre Aperture Spherical Radio Telescope)" bekannte Teil der nationalen technologischen Grundinfrastruktur erfolgreich überprüft und offiziell in Betrieb genommen.

Das FAST geht auf einen Vorschlag chinesischer Wissenschaftler aus den frühen 1990er-Jahren zurück und ist, seit es im Karstgebiet der Provinz Guizhou errichtet wurde, das weltweit größte Einzelapertur

Radioteleskop. Nach zwölf Jahren Standortauswahl und fünf weiteren Jahren der Voruntersuchung und Genehmigung wurden die Bauarbeiten am 25. März 2011 offiziell aufgenommen. Es schlossen sich noch einmal fünfeinhalb Jahre harter Arbeit an, bis das Team sämtliche technische Herausforderungen, die der außergewöhnlichen Größe des Teleskops und den hohen Anforderungen an die Präzision geschuldet waren, restlos bewältigt hatte und den Bauauftrag termingerecht und in hoher Qualität erfüllen konnte.

Am 25. September 2016 wurde FAST fertiggestellt und es begann die Phase der Inbetriebnahme.

Die Inbetriebnahmezeit für traditionelle internationale Großradioteleskope beträgt in der Regel nicht weniger als vier Jahre. Obwohl die riesige Empfangsfläche von FAST sein Struktursystem noch komplexer macht, hatte das Team schon nach zwei Jahren intensiver Testarbeit verschiedene Beobachtungsmodi verwirklicht, wie z. B. Tracking, Drift-Scanning und Scannen in der Bewegung. Mehrere wichtige Indikatoren haben dabei alle Erwartungen übertroffen. Im April 2019 wurde die

Technologische Infrastruktur von Nationaler Bedeutung: Das FAST (Five-hundred-metre Aperture Spherical Radio Telescope).

technische Abnahme bestanden und das Teleskop probeweise für inländische Astronomen geöffnet.

Seit dem Testbetrieb läuft die Anlage von FAST stabil und zuverlässig. Ihre Empfindlichkeit übertrifft jene des weltweit zweitgrößten Einzelapertur-Radioteleskops um das 2,5-Fache. Dies ist das erste Mal, dass ein in China gebautes Radioteleskop in den wichtigsten Leistungsindikatoren eine Spitzenposition einnimmt. Gleichzeitig hat FAST während der Testphase wertvolle wissenschaftliche Daten gesammelt und für die Forschung verschiedene Meilensteine erreicht.

Der damalige Präsident der Chinesischen Akademie der Wissenschaften und Parteisekretär Bai Chunli, erklärte einmal, das FAST folge einem völlig neuartigen Designansatz. Schon die Karstlandschaften der Provinz Guizhou als Standort für das Teleskop zu wählen, stellte einen ganz neuen Ansatz für den Bau von Großteleskopen dar. Und da weltweit kein anderes Einzelapertur-Radioteleskop dieser Größenordnung vorhanden war, galt es, zahlreiche Innovationen eigenständig zu realisieren. In der Konsequenz bedeutete dies für China, dass das technologische Niveau und die Fähigkeiten zur eigenständigen Innovation in den relevanten Fachgebieten und Branchen signifikant verbessert werden konnten.

Infolge von Leistungsverbesserungen ist das wissenschaftliche Potenzial von FAST in Ansätzen bereits erkennbar geworden. So wurden bislang schon mehr als 300 neue Pulsare entdeckt. FAST hat die Polarisationseichung erreicht und mit innovativen Methoden das interstellare Magnetfeld der Milchstraße detektiert. In den nächsten drei bis fünf Jahren wird FAST dank seiner hohen Empfindlichkeit voraussichtlich bedeutende Durchbrüche in Bereichen wie der Erforschung von niederfrequenten Gravitationswellen, schnellen Radioblitzen und interstellaren Molekülen erzielen.

Der Nationale Prüfungsausschuss ist der Ansicht, dass das FAST-Projekt mehrere eigenständige Innovationen umgesetzt hat und das Forschungs- und Technologieniveau der Radioastronomie in China signifikant verbessert hat. Ebenso hat es zu Innovationen und Weiterentwicklungen verwandter industrieller Technologien beigetragen und nicht zuletzt erhebliche sozioökonomische Vorteile mit sich gebracht. Die umfassenden Leistungen des FAST erreichen ein internationales Spitzenniveau und sind von wichtiger Bedeutung für die Förderung eigenständiger Durchbrüche in der chinesischen Astronomie.

1.2 Ein verrückter Plan

Dass die Astronomie in China lange Zeit als rückständig galt, lag in erster Linie an den verfügbaren Teleskopen. In den frühen 1990er-Jahren hatte das größte Radioteleskop in China einen Durchmesser von gerade einmal 25 Metern. Für die dienstälteren unter den Astronomen war es daher ein lange gehegter Traum, über ein Teleskop mit großem Durchmesser zu verfügen.

Nach dem Zweiten Weltkrieg erlebte die Radioastronomie einen Aufschwung und es wurden aufeinanderfolgend vier bedeutende astronomische Entdeckungen gemacht: Quasare, Pulsare, interstellare Moleküle und die kosmische Hintergrundstrahlung. Was jedoch China betraf, befand sich in diesem Bereich lange Zeit eine Leerstelle.

Als im Jahr 1993 die Konferenz der URSI (International Union of Radio Science) in Japan stattfand, nahm als Vertreter Chinas der Astronom und Forscher Wu Shengyin vom Pekinger Observatorium teil. Auf dieser Konferenz wurde die Idee vorgebracht, dass die Menschheit vor der weiteren Verschlechterung des globalen Funkumfelds eine neue Generation von leistungsstärkeren Radioteleskopen bauen sollte, um mit ihnen mehr Informationen aus dem Weltraum zu empfangen.

Nachdem er von diesem Vorschlag erfahren hatte, war Nan Rendong, der damals auf die 50 zuging, sehr aufgeregt: „Wenn China es schafft, diese Gelegenheit zu ergreifen, könnte unsere astronomische Forschung nach der Fertigstellung möglicherweise um Jahrzehnte voraus sein." Als die Konferenz zu Ende war, kehrte Wu Shengyin wieder nach China zurück. Nan Rendong war normalerweise eher zurückhaltend, ging diesmal aber sofort in Wus Büro. Aufgeregt sagte er zu ihm: „Lass uns auch in China eins bauen!"

Ursprünglich hatte Nan Rendong in seinem Traum von einem großen Radioteleskop in China auf das Square Kilometre Array Observatory (SKA bzw. SKAO) gesetzt. Bei dem SKA handelte es sich damals um ein groß angelegtes internationales Forschungsprojekt, bei dem Tausende reflektierende Antennen und eine Million Niederfrequenzantennen zu einer Empfangsfläche von über einer Million Quadratmetern kombiniert werden sollten, um elektromagnetische Signale aus dem Universum zu empfangen.

Damals gab es zwei aktive chinesische Gesichter in der internationalen Gemeinschaft für Radioastronomie, von denen eines Nan Rendong war und das andere sein jüngerer Kollege Peng Bo, der später stellvertretender Projektleiter des FAST-Projekts werden sollte. Die beiden flogen abwechselnd ins Ausland, um an Radioastronomie-Konferenzen teilzunehmen, und waren seinerzeit entschlossen, den Bau des SKA nach China zu bringen.

Aber eines Tages gerieten die beiden in einen Streit über das SKA. Je weiter man auf diesem Weg voranschritt, desto mehr fand Nan Rendong, dass er ihn nicht weitergehen konnte. Schließlich begann er damit, sich gegen den Bau des SKA in China auszusprechen. „Bring das SKA hierher, und es wird uns beide zerstören, es wird nicht funktionieren!", soll er zu Peng Bo gesagt haben.

„Bring mir erst das Projekt hierher! Wenn wir beide zerstört werden, gibt es doch noch Nachfolger!" Peng Bo war das genaue Gegenteil von Nan, er wurde „General Peng" genannt und war als mutiger und tatkräftiger Mann aus Hunan bekannt.

Am Vormittag des 25. November 2020 besuchte ich Dr. Yan Jun von den Nationalen Astronomischen Observatorien der Chinesischen Akademie der Wissenschaften persönlich in seinem Büro. Dr. Yan war erst am Vortag vom Startplatz der Chang'e 5 in Wenchang (Hainan) zurückgekehrt und erzählte mir persönlich die inspirierende Legende hinter Chinas Himmelsauge.

Dr. Yan Jun, ehemaliger Direktor der Nationalen Astronomischen Observatorien der Chinesischen Akademie der Wissenschaften und seinerzeit Leiter des FAST-Projekts, ist derzeit leitender Wissenschaftler in der Gesamtplanungsabteilung des Mondforschungsprojekts der Chinesischen Akademie der Wissenschaften und ebenfalls leitender Wissenschaftler für angewandte Mondwissenschaften.

„Wie groß wollen wir das Radioteleskop bauen?" „Wo und wie soll es errichtet werden?" Nach mehreren Diskussionen und umfangreichen Debatten hatten Nan Rendong und Wu Shengyin wissenschaftlich berechnet, dass China für den Bau eines 500-Meter-Radioteleskops bestens geeignet sei. Damit würde man die bestehenden Einrichtungen übertreffen können und es wäre dennoch realisierbar. Schnell war man sich einig und machte sich daran, den Traum des SKA-Projekts auf das aktuellere FAST-Projekt zu übertragen. Der Bau eines Radioteleskops mit einem Durchmesser von ca. 500 Metern muss seinerzeit wie ein verrückter Plan angemutet haben, betrug doch zu dieser Zeit der Durchmesser des größten Radioteleskops in China weniger als 30 Meter!

So begann also eine Gruppe von Menschen, erfüllt mit größter Leidenschaft für die Erforschung der ultimativen Fragen, eine regelrechte Pionierleistung zu vollbringen.

Der damalige Direktor der Nationalen Astronomischen Observatorien, Dr. Yan Jun, schrieb in seinem Artikel „FAST, ein Wunder des Jahrhunderts", welcher in der Ausgabe 10/2016 von „Chinese National Astronomy" veröffentlicht wurde, folgendes: „Vor 23 Jahren begann eine Handvoll chinesischer Astronomen, die von einem großen Radioteleskop träumten, darüber nachzudenken, wie ein solches in China zu errichten wäre. Und ein Jahr später, also 1994, wurde das Komitee zur Förderung eines großen Radioteleskops in China gegründet - ein hartnäckiges Team, von dem damals nur wenige Menschen wussten und das auch heute noch weitestgehend unbekannt ist!"

Planung, Standortauswahl, Projektgenehmigung und schließlich Konstruktion des als „Chinas Himmelsauge" bezeichneten Fünfhundert-Meter-Apertur-Kugelteleskops dauerten insgesamt 23 Jahre, wenn man mit dem Vorlegen des Konzeptentwurfs im Jahre 1993 durch Nan Rendong beginnt. Am 25. September 2016 wurde es fertiggestellt und in Betrieb genommen.

Für China war der Bau dieses 500-Meter-Apertur-Kugelteleskops zu dieser Zeit ein wagemutiges und fast verrücktes Vorhaben!

Die eigentliche Konstruktionsarbeit des FAST-Projekts gestaltete sich derart schwierig, dass alle Vorahnungen weit übertroffen wurden. Die Problemfelder beschränkten sich nicht nur auf Astronomie, Mechanik, Maschinenbau, Strukturtechnik und Elektronik, sondern erstreckten sich auch auf die Geotechnik und Dutzende anderer Fachgebiete. Zudem gab es keine Präzedenzfälle, auf die man für die benötigten Schlüsseltechnologien hätte zurückgreifen können, und es bestand ein dringender Bedarf an Durchbrüchen bei den Schlüsselmaterialien. Nicht zuletzt litt man unter extrem schwierigen und komplexen Baustellenbedingungen.

Daher standen fast alle Branchenexperten diesem Projekt skeptisch gegenüber. Einige betrachteten es sogar als eine Art Münchhausiade.

Trotzdem beschloss Nan Rendong, der von Natur aus hartnäckig war und einer Herausforderung nicht widerstehen konnte, an diesem Plan festzuhalten. Von der Standortauswahl, Projektgenehmigung und Machbarkeitsstudie von FAST bis hin zur Leitung der Forschung zu

Standortwahl 1994.

den Schlüsseltechnologien und der Modellversuche schien Nan Rendong von diesem „Himmelsauge" besessen zu sein und wandte sein restliches Leben lang all seine Energien für das Projekt auf.

International gesehen ist für den Bau von Teleskopen mit Stahlkonstruktionen bereits bei 100 bis 150 Metern eine Grenze erreicht. Um ein Teleskop mit einem Durchmesser von 500 Metern dennoch in die Realität umsetzen zu können, ist es daher notwendig, sich auf das Gelände zu stützen.

Für die Abstützung des Teleskops musste man also eine entsprechend große natürliche Mulde finden, in die man das Teleskop würde einlassen können wie einen großen Kochtopf. Außerdem galt es, eine zuverlässige und kostengünstige mechanische Struktur zu entwerfen, mithilfe derer das Problem der Bewegung des elektromagnetischen Wellenempfängers (der Futterkammer) zu lösen sei. Damit das Teleskop Ziele am Himmel in einem größtmöglichen Bereich flexibel verfolgen kann, musste die reflektierende Oberfläche des Teleskops beweglich sein - genau diese Herausforderungen haben letztlich zu einer ganzen Reihe technischer Innovationen geführt, über die das FAST nun verfügt.

In den Bergen im Südwesten Chinas herrschten ideale geografische Bedingungen für den Bau des Teleskops: Zahlreiche Täler von mehreren Hundert Metern Breite sind auf allen Seiten von Bergen umgeben, was auf natürliche Weise den Einfall elektromagnetischer Wellen von Außen blockiert. Insbesondere die Karstlandschaft von Guizhou ist voller Senken und daher ein geborener Standortkandidat.

Aber welche davon soll für das Himmelsauge ausgewählt werden?

Am Nachmittag des 17. November 2020 schaute uns Dr. Zhu Boqin, der leitende Ingenieur der Nationalen Astronomischen Observatorien der Chinesischen Akademie der Wissenschaften und des FAST-Projekts, durch seine dicken Brillengläser an.

Die Zeit sollte die tiefen Gefühle, die wir für dieses Projekt hegten, nicht enttäuschen. Mehr als ein Jahrzehnt später und unter Berücksichtigung etlicher Faktoren, zu denen neben den Ausmaßen auch die elektromagnetischen, ökologischen und geotechnischen Eigenschaften der Umgebung gehörten, entschied sich der anspruchsvolle Nan Rendong schließlich für den idealen Standort, den er unter 391 verschiedenen Alternativen herauszufinden vermochte: Dawodang in der Großgemeinde Kedu im Kreis Pingtang des autonomen Bezirks Qiannan der Provinz Guizhou. Das mehrere Hundert Meter tiefe Tal ist dort nach allen Seiten hin mit Bergen umgeben, die es gegen elektromagnetische Wellen von außen abschirmen. Inzwischen offiziell in Betrieb genommen, kann das weltweit größte Einzelapertur-Radioteleskop Informationen über Pulsare, neutrale Wasserstoffatome, schnelle Radioblitze, Schwarze Löcher und andere Phänomene aus der Entstehungszeit des Universums beobachten sowie mögliche Signale außerirdischen Lebens einfangen.

Im Juli 1997 stellte das Komitee für den Bau des Großen Radioteleskops in China offiziell das Konzept für die „LT China Engineering Concept Pilot Unit" vor, das die unabhängige Konstruktion des weltweit größten Einzelapertur-Radioteleskops in China vorsah.

Die zentrale Idee hinter FAST ist es, die Träume vieler chinesischer Astronomen zu bündeln. Sie wurde im Rahmen wiederholter Diskussionen eines aus Fachleuten wie Nan Rendong und Peng Bo zusammengesetzten Kernteams entwickelt. Möchte man das Konzept hinter FAST mit einem Wort ausdrücken, so lautet dieses natürlich „schnell", womit aber auch weitere Begriffe wie „verfolgen", „überschreiten" oder „führend" impliziert sind. International wurde FAST auch als „ehrgeiziges Projekt" aufgefasst.

Im Sommer 1998 entwarf Nan Rendong höchstpersönlich das Logo für FAST. Im März 1999 wurden, als erstes Großprojekt im Rahmen des Wissensinnovationsprogramms der Chinesischen Akademie der Wissenschaften, die „Voruntersuchungen zum Großen Radioteleskop FAST" gestartet. Zurückblickend war das Zustandekommen des Projektes der schwierigste Moment.

Um die Genehmigung für FAST voranzutreiben, traf Nan Rendong jedes Mal mindestens eine Stunde vor Sitzungsbeginn am Veranstaltungsort ein, da er Angst hatte, sich andernfalls wegen eines Verkehrsstaus verspäten zu können. Damals musste er immer wieder in sehr kurzer Zeit eine Projektbeschreibung von drei- bis fünftausend Wörtern schreiben. Nan Rendong und seine Kollegen saßen also oft bis in die frühen Morgenstunden im Büro und überdachten sorgfältig jedes Wort und jeden Satz, da er die Befürchtung hatte, dass schon ein kleiner Fehler die Projektgenehmigung negativ beeinflussen könnte.

In den folgenden mehr als zehn Jahren trat er in einer Art Doppelrolle mal als Forscher, mal als Verkäufer des Projekts auf.

Nan Rendong wusste sehr gut, dass die Genehmigung solch eines großen Projekts äußerst schwierig war, man könnte fast sagen, es sei so schwierig gewesen, wie den Himmel zu erklimmen. Aber ohne Genehmigung gibt es definitiv kein Budget und ohne Budget kein Team. Nach Abschluss der ersten Erkundungsphase kehrten die meisten Menschen an ihre ursprünglichen Arbeitsplätze zurück, nur Nan Rendong reiste weiter durch ganz China, diesmal aber um nach Kooperationspartnern zu suchen.

Da es dem Observatorium an Geld fehlte, reiste Nan Rendong mit einem harten Sitzplatz im Zug von Süden nach Norden und von Osten nach Westen. Zu dieser Zeit sagte er: „Ich fange schon an, die ganze Welt zu umschmeicheln, damit man uns unterstützen kommt." Um mehr Unterstützung für FAST zu erhalten, sprach er bei jeder Gelegenheit, sei es inländisch oder ausländisch, bei großen oder kleinen Veranstaltungen, über das Projekt eines großen Radioteleskops und erklärte unermüdlich und leidenschaftlich das FAST-Konzept mit all seinen innovativen Aspekten, um das Vertrauen und die Anerkennung von Kollegen im In- und Ausland zu gewinnen. Das FAST-Projekt gewann allmählich an Bekanntheit.

Im Juli 2007 wurde FAST nach mehr als zehn Jahren harter Arbeit offiziell als bedeutende wissenschaftliche Einrichtung im Rahmen des elften Fünf-Jahresplans genehmigt. Im Jahr 2008 startete das Projekt und Nan Rendong wurde zum Chef-Ingenieur und -wissenschaftler des Projekts ernannt. Zu diesem Zeitpunkt war er bereits 63 Jahre alt. Aber er arbeitete umso härter! Er wollte das Teleskop so schnell wie möglich fertigstellen und in Betrieb nehmen.

Er beherrschte, was erstaunlich war für einen Astrophysiker, der innerhalb der internationalen Radioastronomie einen erheblichen Einfluss genoss, auch viele handwerkliche Fähigkeiten und konnte mehr verschiedene Tätigkeiten ausüben als ein gewöhnlicher Facharbeiter. In den letzten zehn Jahren seiner Basisproduktionsarbeit hat er nicht nur das Schweißen mit Schraubstöcken und Nieten gelernt, sondern auch Sprengungen durchgeführt sowie Erfahrungen im Schmieden und Galvanisieren gesammelt.

Über sich selbst sagte er einmal ganz bescheiden: „Ich bin kein großer Stratege, sondern bloß ein alter Arbeiter, der taktisch vorgehen muss." Er betonte mehrmals, dass er eine schwere Last zu tragen habe und deswegen keine Nachlässigkeit dulde. Als das FAST-Projekt schließlich gestartet wurde, machten sich einige Leute über das enorme Budget lustig und sagten: „Alter Nan, ein Milliardär!" Er aber schüttelte lächelnd den Kopf und sagte: „Ich bin ein Millionenschuldner." Er rechnete oft vor: Die Lebensdauer von FAST beträgt 30 Jahre, was bedeutet, dass die chinesische Regierung jeden Tag 120.000 Yuan investiert. Wenn die Arbeit nicht gut gemacht wird und FAST einen Tag lang stillsteht, bedeutet das also einen Verlust von 120.000 Yuan.

Und im Jahr 2010 sah sich FAST dann auch tatsächlich mit einem beinahe katastrophalen Risiko konfrontiert: Bei den Stahlseilen gab es ein Problem mit der Materialermüdung. Denn nachdem die gekauften Stahlseile ihre Ermüdungstests durchlaufen hatten, erfüllte kein einziges die Anforderungen von FAST. Somit konnte die Strukturform der Reflektorfläche nicht endgültig festgelegt werden. Nan Rendong war daher sichtlich mitgenommen und kommunizierte täglich mit den Technikern.

Im März 2011 waren die Dorfbewohner umgesiedelt und der Bau des FAST-Projekts begann offiziell. An dem Tag, an dem die Arbeiten begannen, stand Nan Rendong in der Senke und beobachtete schweigend, wie die Arbeiter Bäume fällten und das Gelände ebneten. Er sagte zu den Mitarbeitern neben ihm: „Wenn wir das nicht schaffen, wie können wir uns diesen Menschen dann noch als würdig erweisen?" Doch fast hundert Misserfolge später führte er das Team endlich zur Entwicklung einer Stahlseilstruktur, die den Anforderungen entsprach.

Das Problem der Stahlseile wurde also letztendlich auf der Baustelle gelöst. FAST hat insgesamt 6670 Hauptseile, 2225 Hauptseilknoten und die gleiche Anzahl von Abseilseilen. Das Gesamtgewicht der Seile beträgt über 1300 Tonnen, und die Querschnitte der Hauptseile haben 16 verschiedene Spezifikationen mit einer Fläche von 280 bis 1319 Quadratmillimetern. Da jedes der 8895 Stahlseile seine eigene Funktion hat, gab es für jedes einen festen Platz und eine bestimmte Position in der Installationsreihenfolge. Sie durften auf keinen Fall vertauscht angebracht werden. Aus diesem Grund wurde jedem von ihnen während der Herstellung ein individueller „Identitätsausweis" ausgestellt und zugewiesen. Auf der Baustelle mussten die Stahlseile den Designanforderungen entsprechend korrekt platziert und dann zu einem halbkugelförmigen flexiblen Seilnetz verwoben werden, was eine noch nie da gewesene Seilnetztechnik darstellt. Dass die technischen Arbeiter ihr Werk in einem Raum von derart gigantischen Ausmaßen verrichteten, war nicht nur äußerst schwierig, sondern auch höchst beeindruckend!

Am 4. Februar 2015 wurde das letzte Stahlseil in das FAST-Projekt eingebaut und das Seilnetz mit seinen enormen Ausdehnungen war erfolgreich installiert. Dies bedeutete, dass immerhin schon der Rahmen für das Fünfhundert-Meter-Apertur-Kugelteleskop fertiggestellt war. Die zweite eigenständige Innovation des FAST-Projekts bestand nun darin, die Technologie der aktiven Verformung der Reflektorfläche kreativ einzusetzen, um die Fokussierung und Erfassung elektromagnetischer Wellen zu ermöglichen und so präzise Informationen über aus dem Weltraum stammende Radiowellen zu erhalten. Denn das Seilnetz ermöglichte es nun, Tausende von Reflektorpaneelen miteinander zu verbinden, damit diese später dem aktuellen Bedarf entsprechend angeordnet werden konnten.

Das Seilnetz von FAST ist damit die weltweit größte, präziseste und ermüdungsbeständigste Struktur, die obendrein als weltweit erste eine variable Arbeitsweise verwendet.

Angestoßen durch die speziellen Erfordernisse des FAST-Projekts konnten die am Bau beteiligten führenden chinesischen Unternehmen enorme Fortschritte in Sachen Forschung und Entwicklung erzielen. Mit der kontinuierlichen Überwindung vieler technischer Herausforderungen im Bereich des Seilnetzes wurden zwölf eigenständige innovative Patentleistungen erzielt, darunter sieben Erfindungspatente. Gleichzeitig wurde im Prozess der Bewältigung dieser weltweit einmaligen Herausforderung ein hochpräzises System zur Produktion von Seilstrukturen etabliert, welches seitdem auch bei anderen Projekten wie etwa der Hongkong-Zhuhai-Macau-Brücke zum Einsatz gekommen ist. Die Verwendung dieser neuen Produkte und Technologien hat die Fähigkeit vieler Unternehmen zur Durchführung von Bauprojekten signifikant gestärkt. All dies sind unüberschätzbare Beiträge, die FAST zum wissenschaftlichen und technologischen Fortschritt und zur Entwicklung von Industrie und Baugewerbe in China geleistet hat.

Beispiele für solche Innovationen, die während des Baus von FAST auftraten, gibt es zuhauf. FAST besteht aus sechs Hauptsystemen: Der aktiven Reflektorfläche, der Stütze für die Antennenquelle, den Mess- und Kontrollsystemen, den Empfängern und Endgeräten sowie dem Standort und der Beobachtungsbasis. Jedes System besteht aus vielen

Der akribische Herr Nan (In der Mitte).

Unterkomponenten, und jede Unterkomponente aus zahlreichen Geräten. Alle Technologien von FAST wurden von chinesischen Wissenschaftlern eigenständig entworfen und entwickelt.

Am 31. Dezember 2013 wurde der Ringträger des FAST-Projekts erfolgreich angeschlossen. Der 68-jährige Nan Rendong trug dabei Arbeitskleidung und einen Sicherheitshelm und stand als Erster auf dem hohen Ringträger, wo er gegen den eisigen Wind anrennen musste. Die Verbindung des Ringträgers von FAST war des Himmelsauges erster Meilenstein. In diesem Moment wird es wohl niemanden gegeben haben, dessen Gefühlsregungen es mit denen von Nan Rendong hätten aufnehmen können, als dieser auf dem hohen Ringträger den bitterkalten Winden die Stirn bot.

Als die Stütztürme für die FAST-Antennenquelle installiert wurden, entschied sich Nan Rendong dazu, als Erster auf die Spitze jedes Turms zu klettern. Die Antennenquelle besteht aus sechs großen Eisentürmen, welche man auf den umliegenden Bergen platzierte. Im November 2014 wurde die Herstellung und Installation der FAST-Antennenquelle abgeschlossen und abgenommen. Selbst der kleinste Turm erreichte eine Höhe von stolzen 112 Metern, wohingegen der größte es sogar auf ganze 173 Meter brachte. In diesem Jahr war Nan Rendong bereits 69 Jahre alt. Der Mann, der früher sportlich war und Armdrücken mochte, hatte sich sichtbar verändert. Nun musste er beim Sprechen oft pausieren. Außerdem hörte man deutlich sein keuchendes Atmen. Sein Appetit hatte auch merkbar abgenommen. Aber immer wenn ein neuer Turm fertiggestellt war, erklomm er ihn persönlich. Sicher feierte er auf diese Weise einen weiteren Meilenstein in seinem Herzen!

Li Hui, der stellvertretende Chefingenieur des FAST-Antennenquellsystems, war zunächst verwirrt über diese Beharrlichkeit. Wenn er aber heute auf die Szene zurückblickt, wie Nan Rendong das große Rad an der Turmspitze bewegte, versteht er es: FAST ist wie ein Kind, welches Herr Nan mit eigenen Händen großgezogen hat. Nan beobachtete, wie FAST Schritt für Schritt von einer Idee zu einem Konzept, zu einem Plan, einer Blaupause und schließlich zur lebendigen Realität wurde. Auf seine eigene einzigartige Weise umarmte er FAST!

1.3 Zwölf Jahre auf der Suche nach einem Standort

Von der Standortwahl bis zur Fertigstellung und Inbetriebnahme des Projekts kann man FAST nur mit „hart" beschreiben. Für gewöhnliche Menschen wird es wohl schwer nachzuvollziehen sein, was alles hinter diesem Projekt steht!

Ein chinesisches Sprichwort besagt: „Obwohl man weiß, dass es Tiger in den Bergen gibt, geht man trotzdem hin!" Und genauso lässt sich auch der übliche Stil von Nan Rendong beschreiben. Aber die Schwierigkeiten beim Bau von FAST übertrafen trotzdem seine Vorstellungskraft. Schon zu Beginn der Vorbereitung des Projekts machte ihm ein Mangel an Finanzmitteln zu schaffen. Man hatte davon gehört, dass es in Guizhou etliche Karstsenken geben sollte. Um den Standort mit dem besten Preis-Leistungs-Verhältnis für das Observatorium zu finden, fuhr Nan Rendong 50 Stunden mit dem langsamen Zug nach Guizhou. Seine Idee war es, eine natürliche Senke zu finden, fernab von großen Städten, mit geringer elektromagnetischer Störung und ohne zu viel Bergbau. Natürlich konnte niemand ahnen, dass dies zwölf Jahre dauern würde!

In dieser Zeit stützte er sich auf einen Gehstock aus Bambus und durchquerte mit seinen Teamkollegen fast alle Senken in den Bergen von Guizhou. Die Zeit verging aber nicht umsonst, und der anspruchsvolle Nan Rendong fand schließlich den idealen Standort.

Für das FAST-Projekt, das von 1994 bis 2006 zwölf Jahre lang von Grund auf aufgebaut wurde, arbeiteten die vier Wissenschaftler Nan Rendong, Nie Yueping, Peng Bo und Zhu Boqin wirklich hart. Ohne Rücksicht auf ihr Leben gingen sie immer wieder nach Pingtang, gemeinsam oder auch allein. Häufig und regelmäßig führten sie Untersuchungen und Bewertungen der dortigen Senken mithilfe geologischer Bohrerkundung durch, alles um sicherzustellen, dass nichts schief geht.

Nie Yueping stammte aus Peking und war der erste Wissenschaftler, der zur Standortuntersuchung nach Pingtang kam, auch verbrachte er die längste Zeit in den Bergen von Pingtang. Zhu Boqin war innerhalb des FAST-Teams einer der Kollegen, mit denen Nan Rendong besonders viele Jahre zusammengearbeitet hatte. Peng Bo schließlich war ihm eine unverzichtbare Stütze und ebenfalls ein echter Veteran in seinem Team.

Sprechen wir also über Peng Bo! Im November 1994 hatte er einen niederländischen Astronomen namens Dr. Richard begleitet, als dieser in Pingtang die elektromagnetischen Störungen in vier Senken maß. Im Jahr 1997 begleitete er dann Wang Shouguan (Akademiemitglied der Chinesischen Akademie der Wissenschaften, Mitglied des Nationalen Volkskongresses, ehemaliger Direktor der Abteilung für Mathematik und Physik der Chinesischen Akademie der Wissenschaften und Ehrenvorsitzender des Pekinger Observatoriums), Ye Shuhua (Mitglied des Ständigen Ausschusses des Nationalen Volkskongresses, Akademiemitglied der Chinesischen Akademie der Wissenschaften, stellvertretende Vorsitzende des Ständigen Ausschusses des Volkskongresses der Stadt Shanghai und Vorsitzende der Shanghai Association for Science and Technology) und Chen Jiansheng (Akademiemitglied der Chinesischen Akademie der Wissenschaften, Mitglied der Nationalen Politischen Konsultativkonferenz, stellvertretender Vorsitzender des Zentralkomitees der Demokratischen Partei der Landwirtschaft und Industrie und Leiter der Expertengruppe für Astronomie der Chinesischen Akademie der Wissenschaften) bei der Inspektion der Senke Nr. 66 in Pingtang. Für die Mitarbeiter der Direktbehörden des Landkreises Pingtang hielt er eigens einen lebhaften Vortrag über das große Radioteleskop. Vom 2. bis 30. Juli 2005 führte er zusammen mit zwei niederländischen Astronomen der URSI-Organisation, Sun Jianmin (Leiter der chinesischen Gruppe für Funkstörungstests) und sechs weiteren Personen 28 Tage lang Funkstörungstests in Dawodang durch.

Tausende von Kilometern von Peking entfernt, wurde Pingtang also wirklich zu ihrem Zuhause!

Wenn sie sich also auf dem Weg nach Dawodang befanden, konnten sie schon ohne hinzusehen leicht sagen, was für seltsame Steine und seltene Arten an den Seiten dieser Straße zu finden sein würden. Sie kannten es zu gut, denn all das hatte in ihren Herzen bereits Wurzeln geschlagen! Dabei kamen sie nur mit einem Ziel, nämlich dass das FAST als Chinas

Spitzenleistung unabhängiger Innovation so bald wie möglich fertiggestellt wird.

Früher wandte man zehn Jahre auf, um ein Schwert zu schärfen, heute verbringt man zwanzig Jahre, um das Himmelsauge zu bauen.

Am 25. September 2016 wurde das weltweit größte Einzelapertur-Kugelteleskop in Dawodang (Peitang, Guizhou) fertiggestellt und in Betrieb genommen. Dies bedeutet, dass China in der Zukunft eine neue Mission innerhalb der astronomischen Beobachtung übernehmen wird. Nan Rendong, Peng Bo, Nie Yueping, Zhu Boqin und andere Wissenschaftler sind nun eng mit FAST verbunden, sie haben FAST geschaffen und FAST hat sie geschaffen.

Allerdings ist die harte Arbeit hinter der Standortwahl von FAST kaum bekannt.

Im Jahr 2017 wurde im Rahmen einer wissenschaftlichen Kulturveranstaltung, die vom Computer Network Information Center der Chinesischen Akademie der Wissenschaften und dem Büro für Wissenschaftskommunikation der Chinesischen Akademie der Wissenschaften gemeinsam veranstaltet wurde, ein wissenschaftliches Kolloquium auf dem Gelände des Zentralsenders abgehalten. Der leitende Ingenieur des Standorterkundungs- und Ausgrabungssystems von FAST, Dr. Nie Yueping, wurde eingeladen, einen Fachvortrag über FAST zu halten und ein Interview zu geben. Er ist auch Direktor des Instituts für Fernerkundung und Digital Earth der Chinesischen Akademie der Wissenschaften sowie stellvertretender Direktor in der Abteilung der Fernerkundungsanwendungen für nicht erneuerbare Ressourcen und im gemeinsamen Labor für Fernerkundungsarchäologie der Chinesischen Akademie der Wissenschaften sowie im Bildungsministerium und der Nationalen Verwaltung für Kulturerbe tätig. Er erzählte vor allem von den persönlichen Erfahrungen des Teams, bestehend aus Nan Rendong, Peng Bo, Zhu Boqin und ihm selbst, das sich zwölf Jahre lang unermüdlich für die Standortwahl des chinesischen Radioteleskops eingesetzt hat.

Im Folgenden finden Sie neben der besagten Rede auch einige Erinnerungen an die gemeinsame Vergangenheit mit Nan Rendong, die er in einem Interview auf dem Zentralsender geschildert hat. Ich habe nur geringfügige Anpassungen vorgenommen:

Ich freue mich sehr, heute mit euch über FAST zu sprechen! Schaut euch diesen riesigen Topf auf dem Bildschirm an, er hat einen Durchmesser von 500 Metern und eine Empfangsfläche, die so groß ist wie 30 Fußballfelder. Er reicht bis zu 13,7 Milliarden Lichtjahre tief ins All. Wenn ihr das ausrechnet, werdet ihr sehen, wie weit das ist!

Wie ich mit diesem großen Ding in Kontakt gekommen bin? Da muss ich weit ausholen, bis zu Kindheit, Ausbildung und erstem Arbeitsumfeld.

Dies ist nämlich der Ort, an dem ich aufgewachsen bin: Der Kreis Dushan in der Provinz Guizhou, ein wunderschöner Ort mit Karstlandschaften. In den 1950er- und 1960er-Jahren waren die Flüsse hier voller großer wilder Fische. Am Himmel sah man die verschiedensten Vögel und es gab auch allerlei Raubtiere in den Bergen: Wölfe und Wildhunde, Tiger und Leoparden. Das ist keine Übertreibung!

Ich wurde 1958 geboren und war als Kind sehr frech, zum Spielen bin ich oft heimlich von zu Hause weggelaufen. Wenn ich dann Flüsse, Berge und insbesondere Höhlen sah, hat mich das immer ins Grübeln gebracht. Wie sind diese unterirdischen Flüsse entstanden? Einige Flüsse fließen einfach weiter und verschwinden dann, aber nach einer Weile tauchen sie wieder auf, das hat mich immer sehr verwundert.

Mit diesen Fragen im Kopf habe ich die Oberschule abgeschlossen. Zu dieser Zeit galt man mit diesem Abschluss als „gebildeter Jugendlicher" (zhiqing) und musste erst einmal aufs Land ziehen, um dort körperliche Arbeit zu verrichten, was sehr hart war. Als ich mit meinen 16 Jahren aufs Land ging, übte ich die gleichen Tätigkeiten aus wie die Erwachsenen. Ich schätze mal, dass die meisten 16-jährigen Kinder heutzutage immer noch nicht ohne ihre Eltern auskommen können. Im Jahr 1977 wurde ich an der Universität aufgenommen und entschied mich für ein Studium der Hydrogeologie und Ingenieurgeologie, da mir diese Fragen noch immer nicht aus dem Kopf gehen wollten. Erst an der Universität erfuhr ich, dass Guizhou eine Provinz ist, in der mehr als 70

% der Fläche von Karstlandschaften eingenommen werden. Die Landschaft ist sehr schön, aber die Böden sind sehr arm.

Weil das Karstgestein kalkhaltig ist, kann es durch ausreichend Wasser aufgelöst werden. Und weil es in Guizhou grundsätzlich eine Menge davon gibt, dringt das Oberflächenwasser leicht in die Tiefe vor und fließt dann immer rascher nach unten ab, anstatt sich oben zu sammeln. Das führt schließlich dazu, dass zwar reichlich Grundwasser vorhanden ist, man dieses aber nicht erreichen und nutzen kann.

Nach meinem Universitätsabschluss wurde ich dem Guizhou Geological Bureau zugeteilt. Vielleicht hatte ich Glück, als ich dorthin versetzt wurde, denn zu dieser Zeit nahm meine Einheit gerade an einem nationalen Projekt zur Erforschung des Karstes in Qiannan teil. Ziel war es, zu untersuchen, wie er sich entwickelt und wie er genutzt werden kann. Zu diesem Zweck wurde damals ein Gebiet von 70.000 Quadratkilometern ausgewählt und zur Erforschung freigegeben. Um die Entwicklung des Karsts in Guizhou nachzuvollziehen, war dies also der perfekte Ort.

Innerhalb von fünf Jahren habe ich praktisch alle Berge, Flüsse und Gewässer in dieser Gegend besucht, vor allem aber Untergrundflüsse, Höhlen und insbesondere jene Senken, die später noch eine bedeutende Rolle spielen sollten und die ich gleich noch erwähnen werde. Diese Senken sind sehr tief und bestehen vollständig aus Gestein. Auf diesem Gestein kann zwar etwas Erde sein, auf der möglicherweise auch einige Bäume wachsen, aber solche Bäume werden natürlich nicht groß. Es ist auch sehr schwierig, in ihnen Getreide anzubauen. Ich sah nicht ein, auf welche Weise sie nützlich sein könnten, und habe mich deshalb nicht weiter um sie gekümmert. Aber im Großen und Ganzen gelang es mir, mir ein Verständnis für die Entwicklungsgesetze der Karstlandschaften von Guizhou und Qiannan zu erwerben.

Nach 1988 ging ich an die Universität Nanjing, um dort Mastergrad und Doktortitel abzulegen. Mein Betreuer war der berühmte chinesische Geograf Ren Meie, der während des Zweiten Weltkriegs die Universität Zhejiang nach Guizhou begleitet hatte, um dort Forschungen im Bereich Karst durchzuführen. Als er hörte, dass ich in Guizhou um fangreiche Forschungen zum Thema Karst durchgeführt hatte, gab er mir all seine Forschungsergebnisse und Erfahrungen auf diesem Gebiet.

Im Jahr 1993 ging ich als Postdoktorand zum Institut für Fernerkundungsanwendungen der Chinesischen Akademie der Wissenschaften, wo ich unter der Anleitung des berühmten chinesischen Fernerkundungswissenschaftlers Chen Shupeng studierte. Im darauffolgenden Jahr zerbrach ich mir den Kopf darüber, wie ich nach dem Erlernen der Fernerkundungstechnologie diese wohl in den Karstgebieten würde einsetzen können. Ich machte mir zunehmend Sorgen und überlegte hin und her, was ich tun und wie ich diese Technologie genau anwenden sollte. Zu dieser Zeit kam dieser Mann auf dem Foto, der stellvertretende Direktor der Pekinger Observatorien, Nan Rendong, heute der leitende Wissenschaftler des großen Radioteleskops, zum Institut für Fernerkundungsanwendungen.

Wie aber war es dazu gekommen? Im Jahr 1993 fand die 24. Konferenz der Internationalen Union für Funkwissenschaften in Japan statt, bei der der Bau eines neuen Radioteleskops vorgeschlagen wurde. Da Radioteleskope die Zukunft erkunden können, hat man ohne entsprechende Ausrüstung kein Mitspracherecht. Nach der Rückkehr nach China waren die teilnehmenden chinesischen Wissenschaftler der Meinung, dass China als großes Land ebenfalls ein solches Radioteleskop errichten sollte. Aber angesichts der riesigen Landesfläche stellte sich natürlich die Frage, wo eine Senke von geeigneter Größe überhaupt zu suchen sei.

Sie wandten sich also an das Fernerkundungsinstitut, das mich empfahl, da ich auf Karstsenken spezialisiert war. Karstsenken entwickeln sich am besten in der südwestlichen Region, aber die meisten Menschen wissen das nicht. An einem Tag Anfang Mai 1994 erhielt ich eine Benachrichtigung, dass ich um 14 Uhr in den Konferenzraum im 2. Stock des Gebäudes des Instituts für Fernerkundungsanwendungen der Chinesischen Akademie der Wissenschaften kommen sollte. Ich wusste nicht, worum es ging, und konnte daher noch nicht ahnen, dass ich anschließend mehrere Frühlinge, Sommer, Herbste und Winter zusammen mit Nan Rendong und verschiedenen Dorfbewohnern in den Bergen von Guizhou verbringen würde.

Ich betrat also den Konferenzraum und sah vier Personen am Tisch sitzen. Einer von ihnen trug einen Bart, Shorts und Flip-Flops und starrte mich direkt an. Instinktiv spürte ich, dass diese Person etwas mit dem heutigen Treffen zu tun hatte. Ich dachte bei mir: „Wer ist das und woher kommt dieser Wanderarbeiter?" Sie stellten ihn mir als Nan Rendong, den stellvertretenden Direktor der Pekinger Observatorien vor. Zu diesem Zeitpunkt kannte ich keinen der vier, weder Nan Rendong noch die anderen drei, die mit ihm gekommen waren und sich später als Qiu Yuhai, Yan Yihua und Peng Bo herausstellen sollten.

Er sagte mir damals, dass er eine Grube finden wollte. Also fragte ich nach den Bedingungen. Er antwortete: „Erstens muss die Grube rund sein. Um was für eine Art von Grube es sich handelt, ist egal, solange sie nur rund ist. Zweitens die Verkehrsanbindung: Sie sollte relativ bequem zu erreichen sein, also nicht im Himalaya, dort wäre selbst die beste Grube unzugänglich. Gleichzeitig muss sie auch etwas abgelegen sein. Es darf dort nicht viele Menschen geben, sonst kann man nichts aufbauen. Der letzte, aber wichtigste Punkt ist, dass es keine Funkstörungen geben darf."

Ich dachte mir, dass Guizhou alle diese Bedingungen erfüllt, und war mir sicher, einen solchen Ort finden zu können. Also erklärte ich mich dazu bereit, für ihn auf die Suche zu gehen. Nachdem ich ihm zugesagt hatte, begab ich mich auf direktem Wege nach Guizhou und blieb gleich einen ganzen Monat lang dort. Völlig sicher war ich mir zu jener Zeit zwar noch nicht, weil ich die dortigen Karsttäler zuvor nicht ausreichend detailliert untersucht hatte. Aber nach meiner Rückkehr schrieb ich ihm einen Bericht. Dies hat er dann während einer Konferenz im Ausland erwähnt und wurde von ausländischen Experten gefragt: „Gibt es so etwas in Guizhou?" Er antwortete: „Ja, gibt es."

Im August oder September wurde dann offiziell das FAST-Förderkomitee gegründet. Hiermit begann die eigentliche Arbeit, und man ernannte mich zum Leiter des Standortauswahlteams. Nun hatte ich so viele Jahre in Guizhou gearbeitet und obwohl ich von vielen Senken wusste, gab es dort Tausende davon. Wie sollte man auswählen, welche von ihnen die Beste sei?

Natürlich spielte die Fernerkundung dabei eine große Rolle, aber damals war die Auflösung der Fernerkundungsbilder nicht so hoch wie heute. Heutzutage beträgt die Auflösung 20 Zentimeter, damals waren es nur einige Dutzend Meter, also konnte man nur grob wissen, wo sich was befand. Wir haben die Gruben markiert und nach mehr als einem halben Jahr schließlich 391 von ihnen ausgewählt. Um festzustellen, ob sie den Anforderungen entsprechen, hätten wir eigentlich vor Ort nachsehen müssen. Da es uns jedoch unmöglich erschien, sie alle persönlich zu begutachten, haben wir sie zunächst anhand einer topografischen Karte kritisch überprüft. Zum Schluss waren aber immer noch mehr als 100 Gruben übrig, die es allesamt vor Ort zu besuchen galt.

Beginnend mit meiner ersten Standorterkundung im Frühjahr 1994 in Pingtang beging ich über 170 Gruben mit einer Gipfelentfernung von 200 bis 600 Metern, um aus ihnen 71 mit einer Gipfelentfernung von 300 bis 600 Metern auszuwählen. Ich habe detaillierte Angaben zu Verwaltungseinheit, Höhe des Bodens und des Gipfels, zum Höhenunterschied zwischen Boden und Gipfel, zur Gipfelentfernung und zu geografischer Breite und Länge gemacht und eine Karte der Verteilung der Senken in Pingtang erstellt.

Vielleicht war jemand von Ihnen schon einmal in Guizhou und kann bestätigen, dass es dort nichts als Berge gibt. Stellen Sie sich vor, wie hart es dort in den 90er-Jahren gewesen sein muss! Manchmal waren die Einheimischen, wenn wir in eine Grube hinabsteigen mussten, schon in wenigen Minuten unten, während wir dafür eine halbe Stunde oder länger benötigten. Und der Aufstieg war dann mindestens ebenso anstrengend. Nicht selten brauchten wir eine Stunde und waren hinterher völlig erschöpft. Da es in Guizhou viel regnet, besteht die Gefahr, dass man ausrutscht und mehrere Meter hinunterfällt. Auch ich bin ein paar Mal dabei abgerutscht, aber zum Glück haben mich immer die Bäume aufgehalten.

Sämtliche Orte, an denen wir waren, befanden sich den Anforderungen gemäß weit weg vom Lärm der Stadt. In den ersten ein oder zwei Jahren schien es uns noch, als gewöhnten wir uns allmählich daran. Aber nach mehr als zehn Jahren merkten wir schließlich, dass es in Wahrheit immer schwieriger wurde und wir alle bereits völlig erschöpft waren.

Einige von uns konnten es kaum noch aushalten. Hin und wieder hatte auch ich den Gedanken aufzugeben. Es war ja nun auch wirklich ein äußerst langwieriges Unterfangen. Nach wie vor voller Entschlossenheit war hingegen Nan Rendong! Da ich aus Guizhou stammte und mich eigens auf Senken spezialisiert hatte, war auch ich davon überzeugt, dieses Projekt weiterführen zu müssen. Später werde ich noch ein bisschen genauer erläutern, warum wir damals so entschlossen waren.

Man kann nicht genau sagen, wie oft der gute Herr Nan bereits die abgelegenen Wälder von Pingtang in Guizhou betreten hatte. Immer wieder hatte es ihn dorthin gezogen, und immer wieder hatte er dafür Berge und Täler überquert. Und jedes Mal hatte er es nur für diesen erhabenen und großartigen wissenschaftlichen Traum getan. Aber an diesem Tag im Jahre 2000, als sich nach dreieinhalb Stunden Wanderung eine perfekt kreisförmige Karstsenke vor seinen Augen auftat, fühlte er, dass es all die vorherigen Schwierigkeiten wert gewesen war. Er äußerte sich dazu wie folgt: Unser FAST-Standort, die Senke von Dawodang, ist aus 391 Kandidaten ausgewählt worden. Diese Karstsenke ist weltweit einzigartig und der am besten geeignete Standort für den Bau von FAST! Eine Grube von mehreren Hundert Metern, die auf allen Seiten von Bergen umgeben ist, welche sie perfekt gegen elektromagnetische Wellen von außen abschirmen. Hier konnte das weltweit größte Einzel-

Nie Yueping (dritter von links) gibt den in- und ausländischen Wissenschaftlern, die den Standort für die Feldforschung erkunden, eine Einführung.

apertur-Radioteleskop gebaut werden, um Informationen über Pulsare, neutrale Wasserstoffatome, Schwarze Löcher und andere Phänomene aus der Entstehungszeit des Universums zu erfassen sowie mögliche Signale von außerirdischem Leben aufzufangen!

Auf diesem Foto sieht man eine Straße. Was meint ihr wohl, wie sie entstanden ist? Anwohner bauten sie unter der Organisation der örtlichen Bezirksregierung. Wir hatten damals noch niemandem erzählt, dass ihr Ort bereits ausgewählt worden war. Da sie aber natürlich mitbekamen, wie wir uns immer wieder dorthin begaben, konnten sie es schließlich erraten. Und sogleich haben sie die Bewohner zusammengetrommelt und die Straße innerhalb eines Monats fertiggestellt. 8000 Meter, die nicht viel Geld gekostet haben. Damals war die Finanzlage der Bezirksregierung sehr angespannt, die Regierung konnte daher nur Sprengstoff, Zündkapseln und dergleichen bereitstellen. Heute würde man für den Bau einer solchen Straße leicht mehrere Millionen Yuan veranschlagen. Aber die Begeisterung der Anwohner war äußerst groß und sie sehnten sich sehr nach dieser Sache.

Nachdem der Standort Dawodang festgelegt war, bestanden wir darauf, das Bauprojekt so klein wie möglich zu halten. Denn wäre es zu umfangreich ausgefallen, hätten mehrere Milliarden allein für den Aushub ausgegeben werden müssen. Dann wäre alles unmöglich geworden. Es mussten daher gleich nach Festlegung des Standorts einige moderne Techniken zum Einsatz kommen, wie zum Beispiel Simulation und Modellierung. Damals, also vor mehr als zehn Jahren, galten diese unter den technischen Verfahren noch als besonders fortschrittlich. Mithilfe von Programmiersoftware mussten wir jeden Punkt abdecken, um zur minimalen stabilsten Aushubmenge zu gelangen.

Dann musste auch eine ingenieurgeologische Erstuntersuchung durchgeführt werden, da der Untergrund des Karstgebietes sehr komplex war und man noch nicht wissen konnte, wo man auf Höhlen, Löcher und Rinnen stoßen würde. Die Anforderungen an den Grundbau fielen entsprechend hoch aus. Im Zuge geophysikalischer Erkundungen wurden zunächst die abnormen Bereiche markiert und dann mit Bohrmaschinen erkundet, wobei man Proben entnahm. Die entnommenen Gesteinskerne an die Oberfläche zu befördern, gestaltete sich als äußerst schwierig, da ihre Gewinnung mehr als hundert Meter in der Tiefe stattfand. Der Bohrvorgang dauerte Stunden, und immer könnte es passieren, dass der Bohrer stecken blieb. So wurde Stück für Stück gebohrt, und Hunderte von Bohrlöchern wurden gemacht. In ebenem Gelände zu bohren stellt natürlich kein Problem dar, aber in den Bergen musste der Bohrer jedes Mal auseinandergenommen und wieder hochgebracht werden. Und da man zum Bohren neben Strom auch noch Wasser benötigte, musste auch das Wasser mit der Hand bis zum Bohrer transportiert werden. Die Bedingungen hier waren also wirklich sehr schwierig. Vergesst nicht, dass es damals noch nicht einmal Straßen gab! Als wir dort waren, befand sich alles noch im Urzustand.

Nach mehr als zehn Jahren harter Arbeit wurde das FAST-Projekt im Juli 2006 endlich von staatlicher Seite genehmigt. Bis dahin hatten wir kein Problem damit, die sich uns bietenden Schwierigkeiten zu überwinden. Als das Observatorium aber die nächste Phase einläutete, konnte es auf keine abgesicherte Finanzquelle zurückgreifen. Es war nur eine Idee, die zwar alle für machbar hielten, die aber gleichzeitig Entwicklungen in fünf oder sechs verschiedenen Forschungsbereichen erforderte, von denen die Suche und Auswahl des Standorts nur einer war.

Damals war das Budget, das uns gegeben wurde, wirklich sehr klein. Was konnte man tun? Zu der Zeit strotzte auch ich vor Tatendrang und schrieb zweimal an den Dekan Zhou Guangzhao. Er genehmigte mein Anliegen auch beide Male. Beim ersten Mal erhielten wir 50.000 Yuan und beim zweiten Mal 60.000 Yuan. Das war damals schon sehr bemerkenswert. Mit dem Voranschreiten der Standortwahl wurde aber schnell klar, dass unser Budget immer noch nicht ausreichen würde.

Xu Guanhua, der damalige Minister für Wissenschaft und Technologie, war ein früherer Direktor unseres Instituts. Ich schrieb auch ihm einen Brief. Gleich nachdem er ihn gelesen hatte, verschaffte er uns weitere 60.000 Yuan. Schließlich brachte ich unseren Institutsleiter, den Akademiker Guo Huadong, an den Ort des Geschehens und bat ihn darum, zuzusehen, ob er uns nicht auch vom Institut aus unterstützen könne. Als er mit eigenen Augen gesehen hatte, mit welch schwierigen Bedingungen wir kämpfen mussten, zeigte er sich tief beeindruckt. Kaum war er heimgekehrt, gab mir der Direktor des Instituts für Innovations fonds 200.000 Yuan. Damit war unsere finanzielle Situation erst einmal stabilisiert, was uns den nächsten Schritt, die Projektgenehmigung auf nationaler Ebene, deutlich erleichterte.

Nach der Genehmigung des Projekts begann der wirklich harte Teil der Arbeit. Das Observatorium ernannte mich zum Chefingenieur für Erkundungen und Grabungen am Standort. Damit war ich zuständig für die geologische Untersuchung und das Planen des Aushubs sowie für eine Reihe anderer Arbeiten. Von der Genehmigung im Jahr 2006 bis zur Grundsteinlegung 2008 und bis zum letzten Jahr hat der Bau acht Jahre in Anspruch genommen. Wenn man wissen will, wie schwierig die Bauarbeiten waren, braucht man sich nur die Berge vor Augen zu halten. Zuerst mussten sie abgetragen und dann auch noch abtransportiert werden. Die Menge an Arbeit kann sich also jeder gut vorstellen.

China verfügt heute über das gesamte Spektrum an Fähigkeiten, die zur Umsetzung derartiger Projekte von Nöten sind. Sobald das Konzept einmal festgelegt ist, können die Arbeiten schnell beginnen. Jetzt wo das Teleskop fertiggestellt wurde, kann man drei Hauptpunkte der Innovation festmachen, und die Standortwahl ist einer davon. Denn dass ein Radioteleskop dieser Größenordnung errichtet werden konnte, liegt auch daran, dass es mithilfe einer der in Guizhou verbreiteten Karstsenken gebaut wurde.

Als ich zum ersten Mal im Jahr 1996 nach Dawodang kam, fragten mich die Dorfbewohner gleich nach dem Zweck meines Besuchs. Als ich ihnen zur Antwort gab, dass ich ein Wissenschaftler aus Peking sei, waren sie gleich schwer beeindruckt. Denn damals war diese Gegend noch sehr arm. Der Dorfbewohner Yang Chaoming wies seinen Sohn sofort an, einige Hühner zu fangen.

Ihre Hühner hielten die Dorfbewohner in den Bergen, wo sie nur schwer zu ergreifen waren. Nachdem sie eine Weile lang den Hühnern nachgestellt und schließlich zwei von ihnen gefangen hatten, holten sie auch ihren selbst gebrauten Reiswein heraus. Zum Wohl! Da war ich einverstanden und zeigte mich bereit, zur Feier des Tages mit ihnen anzustoßen. Man reichte mir eine Schale und ich erkundigte mich noch kurz, wie sie ihren Wein üblicherweise genossen. Eine Schale, ein Zug.

Das war die Antwort. Als man mir versicherte, er habe kaum mehr als 20 Prozent Alkoholgehalt, sah ich keinen Grund mehr, abzulehnen, und trank. Nachdem ich aber die zweite Schale geleert hatte, wurde mir derart schwindelig, dass man mich hinaustragen musste. So kam ich gar nicht mehr dazu, auch nur ein Stück Hühnerfleisch zu probieren. Dabei war das eine seltene Gelegenheit, einmal ein waschechtes Landhuhn essen zu können!

Derlei berührende Geschichten gibt es viele zu erzählen. Seht ihr den Stock dort? Diese Bambusstange, die an der Tür lehnt, ist extra für mich als Gehstock vorbereitet worden. Weil später immer mehr Leute hinabstiegen, haben sie meinen etwas abseits gestellt und gesagt, die Stöcke der anderen stehen dort, dieser aber ist speziell für Dr. Nie. Man kann also sagen, dass ich eine sehr enge Beziehung zu den Einheimischen aufgebaut habe.

Heute, da das Radioteleskop fertiggestellt ist, wird man feststellen müssen, dass sich vor Ort eine geradezu revolutionäre Veränderung vollzogen hat. Als damals Ausländer zur Inspektion kamen, wurden sie mit Jubel empfangen. Hinterher erzählten sie mir, in den freundlichen Augen der Dorfbewohner habe man den Wunsch nach einem besseren Leben sehen können. Und eben diese Wünsche sind heute schon verwirklicht worden.

In der Stadt Kedu gab es, als ich das erste Mal dort war, nicht mal ein einziges anständiges Haus. Die Menschen lebten in Strohhütten. Jetzt haben sie drei Fünfsternehotels und mehrere Restaurants, darunter das Astronomie-Restaurant. Ich bin erst vorgestern von dort zurückgekommen. Ich habe sogar einen Grillstand namens „Astronomisches Grillen" gesehen! Kaum zu glauben, nicht wahr?

Außerdem wurden dort ein astronomisches Dorf und ein Museum für Astronomie gebaut. Wenn sich für euch eine Gelegenheit ergibt, dann schaut doch mal vorbei! Es ist wirklich beeindruckend und auch die umliegenden Bezirke haben davon profitiert.

Nun stehe ich hier und frage mich, was es sonst noch für mich zu äußern gibt. Ich möchte den jungen Leuten und auch den Kindern schon sagen, dass diese Welt voller Versuchungen ist und man deshalb im Leben nur ein oder höchstens zwei Dinge erreichen kann. Also wählt etwas aus und bleibt dabei, dann werdet ihr Erfolg haben und die Zukunft gehört euch!"

FAST hat allein für die Standortauswahl zwölf Jahre gebraucht. Das war wirklich nicht einfach. Was war die größte Schwierigkeit?

Nie Yueping spricht aus seiner Erinnerung: „Das Schwierigste war, all die Entbehrungen auf sich zu nehmen! Morgens aß man im Dorf eine Schüssel Reisnudeln und bereitete sich ein Mittagessen in Form von Mantou (gedämpfte Hefebrötchen aus Weizenmehl) vor. Und schon ging es wieder in die Berge. Wenn ein Dorfbewohner zu Hause war, ließ man ihn etwas Wasser kochen, um damit Instantnudeln aufzugießen. Auf diese Weise verbrachte man zwölf lange Jahre harter Arbeit!"

Der Moderator Wang Ning fragte bei einem Interview des Zentralen Fernsehsenders CCTV einmal: „Haben Sie jemals daran gedacht, aufzugeben?" Nie Yueping antwortete ihm ganz ehrlich: „Ja, ich habe tatsächlich darüber nachgedacht. Aber als ich mich Professor Nan Rendong offenbarte, erklärte er mir, wieso wir trotzdem weitermachen sollten. Zum einen, weil die Detektionsfähigkeit von Radioteleskopen weltweit bereits an ihre Grenzen gestoßen war und wir in diese Lücke mit einem großen Radioteleskop würden vorstoßen können. Zum anderen, weil uns die Provinz Guizhou schon so viel Unterstützung hatte zukommen lassen und wir dadurch erst so weit gekommen seien. Warum also sollten wir nicht einfach weitermachen? Bei mir ergab sich daraufhin folgender Gedankengang: Ich stamme aus Guizhou und der Professor hat die vielen Jahre meinetwegen hier verbracht, ich habe also auch keinen Grund, an dieser Stelle aufzugeben. Deshalb entschloss ich mich nur umso mehr dazu, gemeinsam mit Professor Nan am Projekt festzuhalten, auch wenn es mehr als zehn Jahre dauern würde."

Allein ging er in den tiefen Wald.

Unerwarteterweise dauerte aber schon die Suche zwölf Jahre. Zwischen 1994 und 2006 durchquerten Nan Rendong und sein Team die Berge und Täler von Guizhou und erkundeten fast alle möglichen Standortoptionen. Obwohl seitdem schon mehr als zwanzig Jahre vergangen waren, schienen die Erinnerungen von Nie Yueping immer noch sehr frisch zu sein.

Am 18. November 2020 gab er sich in seinem Büro im Nationalen Observatorium als leidenschaftlicher Erzähler: „In den mit Steinen übersäten Karstbergen gab es keine Straßen. Man konnte sich nur fortbewegen, indem man durch den Dschungel ging, der zwischen den Felsspalten wuchs. Ständig ging es rauf und runter. Das Durchschnittsalter des für die Auswahl eines Standorts zusammengestellten Teams betrug damals nur knapp über 30 Jahre, während Professor Nan bereits 49 Jahre alt war. Viele der Steilwege waren auch noch rutschig, sodass er auf Händen und Füßen hochklettern musste. Oft halfen diejenigen, die hinter ihm kletterten, ihn nach oben zu schieben. Zu dieser Zeit trugen wir grüne Schuhe aus dünnem Material, die gleichen, welche einst die Volksbefreiungsarmee getragen hatte. Unsere Füße wurden daher schnell verletzt und bluteten oft.

Bei der Begehung der für das FAST bestimmten Senke begab es sich, dass Professor Nan, als er gerade vorsichtig den Hang hinaufkletterte, plötzlich ausrutschte und begann, den Abhang hinunterzurollen. Nur wenige Meter entfernt befand sich ein Vorsprung, der mehrere Dutzend Meter in die Tiefe führte. Er hatte also wirklich Glück, dass zwei armdicke Zypressenäste, die aus einer Felsspalte ragten, ihn dabei aufhielten. Wenn es nicht diese beiden lebensrettenden Zypressen gegeben hätte, wäre Professor Nan an diesem Tag sicherlich ums Leben gekommen.

Ein anderes Mal, als er den Westgipfel des Dawodang erkundete, überraschte ihn ein heftiger Wolkenbruch. Mit eigenen Augen musste er mitansehen, wie ein mächtiger Schlammstrom durch das Tal zog und Sand und Steine kurzerhand mit sich riss, sogar Menschen und Bäume wurden einfach weggespült. Geistesgegenwärtig steckte sich Professor Nan ein Rettungsmittel in den Mund und kämpfte sich rollend und kriechend zurück zum Pass. Solche gefährlichen Situationen begleiteten ihn zwölf Jahre lang, da er fast alle Gruben in Guizhou durchquerte und Dutzende von Dörfern besuchte, alles während er allmählich vom mittleren Alter ins fortgeschrittene Alter überging."

Hin und Zurück - Ein ständiges Kommen und Gehen

„Tief in den Bergen gab es Orte, an denen wir überhaupt keine Wege vorfanden. Erst nachdem wir sie wiederholt aufgesucht hatten, bildete sich langsam ein Trampelpfad!" An jenem Tag, als wir bei ihm zu Besuch waren, regnete es stark. Während er nach draußen blickte und auf den Himmel schaute, sahen wir Nie Yueping wieder tief in jener Vergangenheit versinken, die für einen philosophischen Denker wie ihn immer noch nicht ganz vorüber zu sein schien!

Wenn man mit ihm über den Standort des FAST-Projekts spricht, erwähnt Pan Gaofeng, der stellvertretende Chefingenieur des Unterstützungssystems für die FAST-Quelle, folgende Begebenheit: Zu dieser Zeit durchkletterte Nan Rendong oft mit jungen Leuten die weglosen Berge. Eines Tages, bevor sie den steilsten Gipfel erklimmen sollten, rieten ihm alle, unten am Fuß des Berges auf sie zu warten. Über das Ergebnis der Besteigung würde man ihn später zusammenfassend unterrichten. Er aber wollte zusammen mit allen anderen nach oben gehen und sich die tatsächliche Situation selbst ansehen. Pan Gaofeng erzählt: „Obwohl Professor Nan schon so alt war, wollte er unbedingt

Gruppenfoto bei der Standortwahl, Nan Rendong zusammen mit chinesischen und ausländischen Wissenschaftlern sowie Beamten und Bürgern des Bezirks Pingtang in Dawodang.

persönlich hinaufgehen und den Gipfel selbst erkunden. Das brachte die Chefs mehrerer Planungsinstitute in Verlegenheit, und sie kletterten nacheinander auch mit nach oben.

Im Jahr 2010 war Nan Rendong bereits 65 Jahre alt. Mit Arbeitskleidung am Leib und einem Arbeitshelm auf dem Kopf beging er in Guizhou Hunderte von Gruben.

Im Jahr 2013 hatte ich kurzzeitig die Gelegenheit, Herrn Nan Rendong in Dawodang zu treffen. Als Teil der jüngeren Generation betrachtete ich ihn als den Wissenschaftler, den ich am meisten bewunderte und respektierte. Unsere kurze Begegnung ist mir daher besonders gut in Erinnerung geblieben.

Damals war Dawodang noch immer ein abgelegener Ort, ohne Einbindung in das Wasser-, Strom- und Verkehrsnetz. Herr Nan Rendong musste jedes Mal 13 Kilometer zu Fuß gehen, wofür er dreieinhalb Stunden benötigte. Um dem FAST-Team ihre Besuche zu erleichtern, haben die Einheimischen schließlich mit Schaufeln, Hämmern und Meißeln mitten in den tiefen Bergen eine befahrbare Straße geschaffen! Neben dem zarten Alter seiner Teamkameraden entwickelte sich auch die aufrichtige Gastfreundschaft der Dorfbewohner zu einer schweren Verantwortung für Nan Rendong. Gleichzeitig zeigte er sich von beidem tief berührt, offensichtlich waren diese Dinge schon in seinem Herzen eingezogen und hatten dort Wurzeln geschlagen. Oft sagte er, dass er über keinerlei Ausreden verfügen würde, falls dem Projekt in Zukunft vielleicht doch kein Erfolg beschieden sein würde. Er hatte begriffen, in welcher Schuld er dem Land und den Dorfbewohnern gegenüber steckte und dass es für ihn keinen Rückzugsweg mehr gab.

1.4 Ein ganzes Leben ausschließlich für eine Aufgabe

Wie bereits erwähnt, steht FAST für „schnell"!

Nach dem Start des FAST-Projekts war Nan Rendong an jedem Schritt des Projektdesigns beteiligt und nahm daher an jedem wichtigen Meeting teil. Für die Schlüsseltechnologien gab es keine Präzedenzfälle, und auch bei den Schlüsselmaterialien mussten dringende Herausforderungen gemeistert und Blockaden bei Kerntechnologien beseitigt werden.

In den 23 Jahren von der Idee bis zur Fertigstellung des Projekts überwand Nan Rendong mit Wissenschaftlern aus verschiedenen Generationen unvorstellbare Schwierigkeiten. Ihm gelang der Sprung von der Nachahmung zur integrierten Innovation. Vom besten Alter bis ins höhere Alter hatte er sich einer einfachen Idee verschrieben und sie in ein großes und wichtiges Werkzeug von nationaler Bedeutung verwandelt. Dank ihm konnte ein für China einzigartiges Projekt erfolgreich verwirklicht werden.

Ende 2008, als der Grundstein des FAST gelegt wurde, war auf diesem ein von Nan Rendong verfasster Spruch eingraviert: „Im Norden wurde das Vogelnest gebaut, um das Olympische Feuer willkommen zu heißen, im Süden wird die große Grube errichtet, um die Sterne zu erkunden."

Das riesige Himmelsauge hat seine gesamten Gefühle und seine ganze Hingabe in sich aufgenommen und dort eingeschlossen. Kollegen und Schüler beurteilen ihn wie folgt: „Professor Nan hat mehr als zwanzig Jahre lang nur an diesem Projekt gearbeitet. Es scheint fast, als wäre das FAST-Projekt für ihn gemacht gewesen!"

Am 2. August 2015 wurde endlich die erste aktive Reflektoreinheit von FAST installiert. Nan Rendong, der mehrmals sichtbar angeschlagen auf der Baustelle in Dawodang erschienen war, wurde zwangsweise nach Peking zurückbeordert. Niemand wusste zu diesem Zeitpunkt, dass er bereits in fortgeschrittenem Stadium an Lungenkrebs erkrankt war. Nach der Chemotherapie war er blass, hatte dünnes Haar und war körperlich geschwächt. Aber das Sonnenlicht, welches durch ein Fenster auf sein Krankenbett fiel, ließ ihn spüren, dass er dort nicht länger verweilen konnte. Bald schon kehrte er zurück nach Dawodang, zur weit entfernten Baustelle von FAST.

Am 3. Juli 2016 wurde das letzte Reflexionspaneel des Fünfhundert-Meter-Apertur-Kugelteleskops installiert. Doch an diesem Tag konnte Nan Rendong nicht persönlich anwesend sein. Sein Gesundheitszustand war sehr schlecht, weswegen man ihn einige Tage zuvor erneut zur Behandlung nach Peking gebracht hatte. Der Arbeiter, der seinerzeit für das Anheben des letzten Reflexionspaneels verantwortlich war, heißt Cheng Zuze und ist ein junger Bauer aus dem Dorf Jinke in der Großgemeinde Kedu (Kreis Pingtang). Es liegt etwa zwei Kilometer von Dawodang entfernt. Damals arbeitete er schon seit zwei Jahren auf der Baustelle von FAST, seitdem er aus Zhejiang zurückgekehrt war. Er war einer der über 2000 Bauern, die aus den umliegenden Dörfern umgesiedelt wurden.

Nan Rendong war den Menschen in Guizhou und den Bauern vor Ort, die für FAST ihr angestammtes Zuhause verlassen hatten, zutiefst dankbar!

Er hoffte daher, dass das letzte Reflexionspaneel von den örtlichen Arbeitern auf der Baustelle würde installiert werden. Diese ehrenvolle Aufgabe wurde schließlich von Cheng Zuze, einem 24-jährigen Arbeiter aus dem Dorf Jinke, der sich beim Installieren der FAST-Reflexionspaneele hervorgetan hatte, erledigt! Die wirklich großartigen Projekte der Welt erfordern natürlich eine feierliche Zeremonie. Zu diesem Zeitpunkt hatten die meisten Arbeiter die Baustelle bereits verlassen, aber es waren noch über 300 Wissenschaftler und Arbeiter vor Ort.

Der damalige Direktor der Nationalen Observatorien, Yan Jun, hielt also das Mikrofon in der Hand und schaute zum hohen Turmkran hinauf. Dann gab er den letzten Befehl: „Hebt das letzte Paneel der aktiven Reflexionsfläche von FAST hoch!"

Verstärkt durch Lautsprecher hallte die kraftvolle Stimme von Direktor Yan durch die Berge!

Das letzte Reflexionspaneel wurde langsam angehoben und nach zwei Lufttransfers und dem Abseilen an der vorgesehenen Position auf dem Netz aufgesetzt und dort erfolgreich installiert. Zu diesem Zeitpunkt standen Hunderte von Wissenschaftlern und Arbeitern um die Baustelle herum, am Boden der Grube und auf den Bergen. Alle standen in Ehrfurcht da, um den feierlichen Moment zu bezeugen, als Cheng Zuze das letzte Reflexionspaneel installierte. Ein großer Applaus erklang unter dem Himmel und verkündete den Abschluss des Hauptprojekts von FAST. 1000 bunte Luftballons stiegen auf in den blauen Himmel.

Inmitten der grünen Berge von Guizhou wurde das Fünfhundert-Meter-Apertur-Kugelteleskop, seiner Art nach das größte auf der ganzen Welt, zum allerersten Mal unter dem Himmel als vollständige Einheit präsentiert. Das für den Monat Juli typische Sonnenlicht fiel also zum ersten Mal auf ein Teleskop, welches noch höher ist als die Pyramiden von Ägypten. Silbern glänzend schien es vom Himmel selbst herabzusteigen, majestätisch und beeindruckend!

Der 3. Juli 2016 war für Cheng Zuze also ein Tag des Stolzes. An diesem Tag, in 50 Metern Höhe über dem Boden, befestigte der 24-Jährige seinen Sicherheitsgurt an der Seilwinde und kletterte in die höhere Fahrerkabine, um dort seine Arbeit aufzunehmen. Der Transporter übergab erfolgreich die letzte reflektierende Einheit an den Seilzug. Durch die trefflich eingespielte Zusammenarbeit mit seinem Partner Chen Guozhi brachte er sie sicher zur Installationsstelle.

Als Cheng Zuze vor zwei Jahren zum ersten Mal zur Baustelle von FAST kam, war er nur ein Hilfsarbeiter, der auf dem Kabelzug Nr. 1 Kabelrollen aufwickelte. Er war intelligent, ehrgeizig und neugierig. Nach unermüdlicher Anstrengung erhielt er schließlich die ihm gebührende Anerkennung von Vorgesetzten und Kollegen und wurde bald darauf in eine wichtige Position versetzt: den Transporter zu fahren.

Der Transporter befand sich auf dem 50 Meter hohen Ringträger, was für ihn, der sonst nie mit Arbeiten in großer Höhe zu tun hatte, zweifellos eine Herausforderung bedeutete. Doch er riss sich zusammen und kletterte in die fast 60 Meter hohe Fahrerkabine. Die Sorge, er könne womöglich abstürzen, wich allerdings nicht so schnell von ihm, denn hinaufzugelangen ist bekanntlich leichter als wieder herunterzukommen. Beim Blick aus großer Höhe nach unten ergriff ihn die Höhenangst umso mehr und wurde noch schwieriger unter Kontrolle zu bringen. Aber er gab nicht auf. Jeden Tag bot er ihr die Stirn, sodass er sich nach einer Woche an die neue Arbeit gewöhnt hatte. Ohne Furcht arbeitete er in der 60 Meter hohen Bedienkabine wie auf festem Boden.

Nach drei Monaten als Transporterfahrer wurde er auf die enorm wichtige Kontrollkabine des Seilzugs für die Montage der reflektierenden Einheiten versetzt. Unter der sorgfältigen Anleitung seines Vorgesetzten gelang es ihm, die gesamte Bedienung des Seilzugs in nur wenigen Tagen zu meistern. Von den 4450 reflektierenden Einheiten im FAST-Projekt wurden über 1000 von ihm abgeseilt.

„Cheng Zuze ist ein sehr guter junger Mann, er verdient einen Daumen nach oben", lobte ihn Li Guanghua, der leitende Konstrukteur für Hebegeräte in der Abteilung für Hebetechnik des FAST-Projekts.

Am 3. Juli 2016 wurde die letzte reflektierende Einheit angehoben und fertig installiert.

Das chinesische Radioteleskop FAST ist weltweit das größte und emp-findlichste Teleskop seiner Art. Mit einem Durchmesser von 500 Metern entspricht seine Empfangsfläche einer Größe von 30 Fußballfeldern. Es ist sogar so groß, dass es das als „Vogelnest" bekannte Nationalstadion von Peking ganze achtmal in sich aufnehmen könnte. Und wenn man es mit Mineralwasser füllen würde, könnte sich jeder Mensch auf der Welt vier Flaschen daraus abfüllen.

FAST ist also wirklich groß, und das hat einen Grund: Nur mit einem größeren Durchmesser kann man weiter „sehen". Wissenschaftler ha-ben die Empfindlichkeit von FAST einmal so veranschaulicht: Würde jemand auf dem Mond ein Handy benutzen, dann könnten wir auf der Erde es „sehen".

Seit seiner Fertigstellung übertrifft das FAST mit seiner Gesamtleistung das zuvor als „größtes Teleskop der Welt" gehandelte Arecibo-Teleskop in den USA um das Zehnfache und wird in den nächsten 20 bis 30 Jah-ren seine Position als weltweit führende Forschungseinrichtung behal-ten. Mit ihm können also nicht nur die Chinesen mehr Himmelskörper beobachten, sondern auch der Blick der Menschheit insgesamt wird in die fernsten Bereiche des Universums erweitert.

Bis Januar 2021 hat FAST insgesamt über 300 Pulsare entdeckt. Aber neben der Suche nach Pulsaren besitzt FAST auch einige wichtigere wissenschaftliche Ziele, wie die Erforschung von neutralem Wasserstoff und schnellen Radioblitzen, die Enthüllung der Geheimnisse rund um die Entstehung und Entwicklung expandierender Galaxien oder auch die Suche nach möglichem außerirdischen Leben. Man kann sagen, dass FAST mit seiner weltweit führenden absoluten Empfindlichkeit unendliche Möglichkeiten hat.

Im Jahr 1609 entdeckte der italienische Wissenschaftler Galileo mit sei-nem selbst gebauten Teleskop unebene Krater auf der Oberfläche des Mondes und wurde damit der erste Mensch, der Himmelskörper mit einem Teleskop beobachtete.

Über 400 Jahre später werden nun die ersten Beobachtungsziele am Rand der Milchstraße, deren Durchmesser 100.000 Lichtjahre beträgt, ins Auge gefasst, mit dem Ziel, die Geheimnisse um die Entstehung von Sternen zu erforschen. Verkörpert werden diese Bestrebungen durch das 500-Meter-Apertur-Kugelteleskop, das selbst wiederum Zeugnis ablegt für das hohe Niveau der chinesischen Technologie.

Im Bereich der Astronomie mögen uns viele technologische Durchbrüche zunächst als hochtrabend erscheinen. Tatsächlich aber sind sie enger mit unserem täglichen Leben verbunden, als wir uns dessen bewusst sind: So ist etwa die kabellose Datenübertragung, ein Vorläufer der heute unverzichtbaren WLAN-Technologie, ein Nebenprodukt der Forschung von Radioastronomen. Oder man denke nur daran, wie die Erforschung von terrestrischen Planeten durch die Astronomie zur Inspiration der südkoreanischen Erfolgsserie „My Love from the Star" wurde.

In den Augen von Nan Rendong wurde der Bau des Teleskops aber nicht von wirtschaftlichen Interessen angetrieben, sondern vom menschlichen Schaffensdrang und dem Wunsch nach Welterkundung. Der erfolgreiche Bau des Teleskops markiert daher nicht nur Chinas Führungsposition in der Radioastronomie, sondern erfüllt auch einen Traum aller Astronomen weltweit.

Am 15. September 2017 verließ Nan Rendong diese Welt im Alter von 72 Jahren. Bis in sein fortgeschrittenes Alter hinein hing er einer einfachen Idee an, um sie in eine Apparatur von nationaler Bedeutung zu verwandeln, und verwirklichte so ein Projekt ohne gleichen. Dennoch war er kein Akademiemitglied und erhielt auch keine großen Auszeichnungen. Dies alles hat er aber gelassen betrachtet. Nach seinem Tod wurde dann auch der Wunsch seiner Familie an die Nationalen Astronomischen Observatorien übermittelt: „Die Beerdigung soll einfach sein, es soll keine Gedenkfeier abgehalten werden."

Das Teleskop ist das wertvollste Erbe, das er uns hinterlassen hat.

Wenn jemand jetzt in die abgelegene Großgemeinde Kedu im Kreis Pingtang des autonomen Bezirks Qiannan der Provinz Guizhou kommt und dort durch die engen Bergpässe geht, werden seine Blicke unweigerlich von einem 500 Meter durchmessenden, weißen Stahlring angezogen. Das ist der Ringbalken von FAST, dem größten Teleskop der Menschheitsgeschichte. Und der Name Nan Rendong wird immer wieder von den Menschen erwähnt, die hier weiterhin ausharren.

„Alter Nan" ist der Spitzname, den sie in ihren Herzen für diesen älteren Herrn haben. Laut Pan Gaofeng, dem stellvertretenden Chefingenieur des FAST-Projekts für die Unterstützung des Fütterungssystems, war er ein „alter Mann, der Kekse in seine Anzugtasche steckte und dann solange vergaß, sie zu essen, bis sie vollständig zu Krümeln zerdrückt waren".

Der „alte Nan" war also ein Arbeitssüchtiger, der sich dem FAST so sehr hingab, dass er darüber vergaß, wer er selbst eigentlich war. „In diesem Büro hat Professor Nan uns oft bis drei oder vier Uhr morgens arbeiten lassen!" Als sich Gan Hengqian, ein ehemaliger Student von Nan Rendong, an die Tage und Nächte des Kampfes für FAST erinnerte, konnte er diesen Ausruf nicht zurückhalten.

„Ein großes wissenschaftliches Projekt zu realisieren, dem es in großen Teilen an Vorläufern gebricht, erfordert eine Schlüsselfigur. Und Nan

Der gewissenhafte Nan Rendong.

Rendong hat genau diese Rolle ausgefüllt. Zum Beispiel ist die aktive Reflektoroberfläche eine bedeutende Innovation des chinesischen Radioteleskops FAST. Vorgeschlagen wurde sie vom Astronomen Qiu Yuhai. 1998 hatte er in der Fachzeitschrift „Chinese Journal of Astrophysics" einen Artikel veröffentlicht, in dem er das Konzept eines riesigen sphärischen Radioteleskops mit aktiver Reflektoroberfläche erläuterte. Nan Rendong machte sich zum treibenden Hauptakteur, indem er sich hinter diese Idee stellte. Er war derjenige im Team, der neue Technologien am schnellsten meisterte, und kümmerte sich um sämtliche Aspekte, von der Makroebene bis hin zu den technischen Details. Bei den Berichten über den Projektfortschritt, die im Institut abgehalten wurden, hat er nie einen Fehler gemacht und ist jedes Mal eine Stunde früher als geplant am Veranstaltungsort erschienen. Sein Engagement und seine Verantwortungsbereitschaft waren unvorstellbar groß." So erinnerte sich sein Schüler Yue Youling an seinen Mentor: „Er war der Wissenschaftler unter den Wissenschaftlern!"

Er ist zwar dahingeschieden, aber die Erinnerung bleibt.

Die Kollegen und Studierenden, die mit ihm zusammengearbeitet haben, saßen im Büro, als ob sie auf seine Rückkehr warten würden. Auch seine Angehörigen saßen zu Hause und betrachteten die Fotos von ihm, als ob sie immer noch die glückliche Zeit des Zusammenseins genießen würden.

Der 72-jährige Nan Rendong starb, bevor ihn die erfreulichen Nachrichten vom chinesischen Radioteleskop FAST erreichten. Als Initiator und Gründer des Projekts zum Bau eines 500-Meter-Apertur-Kugelteleskops in China hat er stets im Einklang mit den nationalen Interessen und den Bedürfnissen des Volkes gehandelt. Sein Leben endete in Zufriedenheit und Bedauern. Sein Leben galt nur einer Sache. Erst nach über 8000 Tagen harter Arbeit und fast hundert Misserfolgen hatte er es endlich vollbracht, dass das chinesische Radioteleskop im Südwesten Chinas in der Provinz Guizhou im Ort Dawodang stand.

Seinem Traum folgend hat Nan Rendong 23 Jahre lang, also 8000 Tage und Nächte, unermüdlich als leitender Wissenschaftler und Ingenieur des 500-Meter-Apertur-Kugelteleskops gearbeitet und damit einen neuen Höhepunkt in der Geschichte der Astronomie erreicht. Im Bericht des 19. Parteitags der Kommunistischen Partei Chinas wurden das Radioteleskop FAST sowie das Raumlabor Tiangong („Himmelspalast"), das U-Boot Jiaolong („Flutdrache") und das Passagierflugzeug Comac C919 als große Erfolge auf dem Weg zum Aufbau eines Landes der Innovationen aufgeführt!

Inmitten der Karstlandschaft arbeiten die jungen Wissenschaftler auch heute noch wie einst Professor Nan: In einer abgeschiedenen Welt, getrennt von ihren Familien und ohne Handyempfang. Sie schätzen jede Minute und arbeiten hart daran, dass FAST zu einem weltweiten „Riesenauge" wird.

In den abgelegenen Bergen von Pingtang beschrieb Nan Rendong in einer Einsamkeit, die für gewöhnliche Menschen unerträglich ist, in poetischer Sprache seine Erkenntnisse:

Dawodang lässt uns ständig entdecken,
versetzt uns in Staunen,
beruhigt unsere Sinne,
in der Stille der Natur,
in dem schönen Universum
und dem mysteriösen Glanz
ruft es uns auf, die Mittelmäßigkeit zu verlassen
und in die unendliche Weite einzutreten.

Kapitel 2

Eine außerordentliche Zeit –
Erinnerungen an den Straßenbau

Lüshui, das Grüne Wasser, was für ein romantischer und poetischer Name!

Es befindet sich am südlichen Fuße des Yungui-Hochlandes, am Übergang zum Rand des 100.000-Berge-Gebiets in Guangxi. Lüshui war eines der 23 Verwaltungsdörfer in der Gemeinde Kedu, bevor die Gebietsreform durchgeführt wurde. Genau wie sein schöner Name ist diese Gegend von Natur aus grün, mit sich überlappenden Bergen und Hügeln. In den weiten Karstgebirgen gibt es zahlreiche Wälder mit dichtem Schatten und überall sprudelnden Quellen. Die grünen Gipfel erstrecken sich endlos in die Ferne.

An jenen Orten, an denen die schwebenden weißen Wolken entstehen, wurden die traditionellen Häuser der ethnischen Minderheit der Bouyei, die einiges an Geschichte vorweisen können, entlang eines Berges gebaut. Sie sind unregelmäßig angeordnet und oft von Nebel verhüllt, sodass man nicht weiß, ob es sich um eine menschliche Welt oder eine Märchenwelt handelt.

2.1 Rückblick auf Dinge,
die sich vor 20 Jahren ereigneten

Am Abend des 17. April 2020 saß ich in der Tee-Bar eines Freundes namens Li Zhigang. Die Nacht war ruhig, der Wasserdampf hing in der Luft, das Licht war sanft und wir genossen den alten Pu'er-Tee, den er speziell für uns gekocht hatte. Als der gesprächige Li die Gesprächsrunde eröffnete, fühlte es sich gleich an, als befänden wir uns wieder in jener turbulenten Zeit, die nun schon zwanzig Jahre zurückliegt.

Von Anfang 1998 bis Ende 2003 war ich sechs Jahre lang Bürgermeister der Gemeinde Kedu. Zu dieser Zeit befand sich das Projekt des großen Radioteleskops noch in der Standortauswahlphase. Der endgültige Standort war also noch gar nicht festgelegt. Das abgeschiedene Dorf Lüshui, vom Rest der Welt durch Berge getrennt, verfügte damals über keinen einzigen Meter Straße und die Lebensbedingungen waren extrem schlecht. Es gab nicht viele Menschen, die in die Berge gingen, und das beste Verkehrsmittel zwischen den Dörfern war ein unbefestigter Weg. Pferde wurden daher für die Bauern zu einem unverzichtbaren Transport- und Arbeitswerkzeug.

Das Funküberwachungskomitee der Provinz Guizhou entsandte nun zum ersten Mal seine Mitarbeiter zur Funkwellenstörungsüberwachung nach Dawodang. Kontinuierlich führten sie über einen Monat lang Überwachungen an verschiedenen Standorten durch, mal auf dem Gipfel, mal am Hang und auch im Tal. Weil die Überwachungsausrüstung sowohl teuer als auch sperrig war, haben wir die Einwohner des Dorfes Lüshui gebeten, uns mit ihren Pferden dabei zu helfen, sie von der Abzweigung der Pingluo-Straße aus in die Tiefen der Berge zu tragen. Wir haben uns drei Stunden lang mühsam durch die unwegsamen Berge gekämpft, um schließlich zum Pass von Dawodang zu gelangen. Auf dem Pass steht eine große Zypresse, die angeblich von Yang Zongcai, dem Gründer von Dawodang, gepflanzt wurde und über 150 Jahre alt sein soll. Am Fuße dieses Baumes befindet sich ein Landtempelchen, das ein Dorfbewohner dort aus Steinen errichtet hat. Von hier aus würden wir noch ein paar Stunden zu Fuß gehen müssen, wenn wir die Talsohle erreichen wollten.

An diesem Tag war auch der stellvertretende Landrat bei uns. So kam es, dass wir während unserer Ruhepause eine Versammlung abhielten. Ich sprach also: „Liebe Landsleute, die Arbeitsgruppe der Provinz ist hierhergekommen, um Funkwellenüberwachung durchzuführen, denn die Regierung möchte hier Entwicklung betreiben. Wenn das Entwicklungsprojekt erfolgreich durchgeführt wird, werden unsere Tage besser sein. Bitte unterstützt die Regierungsarbeit nach Kräften!" Die Menschen in Dawodang waren sehr ehrlich und aufrichtig. Sie sagten uns, dass zum ersten Mal seit 1949 Gäste aus der Provinz nach Dawodang gekommen seien. Sie waren sehr stolz darauf. Ihre Sprache war anders als unsere, salzig und angenehm zu hören. „Wir fühlen uns wie beim Anblick von Ausländern, sehr seltsam! Heute sind die Leiter der Stadt und des Landkreises gekommen, worüber wir sehr glücklich sind! Wir Bergmenschen haben die Welt nie gesehen, und doch wird unsere Region gebraucht. Ihr könnt uns einfach sagen, was wir machen sollen. Wir werden euch auf jeden Fall mit aller Kraft unterstützen!"

Die Leute aßen also vom Essen, welches vom Landkreis vorbereitet wurde, und kamen schnell wieder zu Kräften. Die Arbeitsgruppe aus der Provinz hatte an der Passhöhe das erste drahtlose Funküberwachungsgerät installiert, und die Menschen waren in Scharen gekommen, um sich das Spektakel anzusehen. Wir standen inmitten dieser Gerätschaften, deren Wert weit in den fünfstelligen Bereich reichte, und nutzten die Gelegenheit, um die Dorfbewohner dazu aufzufordern, der Arbeitsgruppe gute Dienste zu leisten und sich dafür einzusetzen, dass das Großteleskop-Projekt in unserem Dorf angesiedelt werden würde: „Sobald das Projekt errichtet ist, werden die guten Tage nicht mehr lang auf sich warten lassen!" Alle hörten aufmerksam zu und waren überglücklich, denn sie träumten von einem Leben, das so süß wie Honig sein würde.

Als Überwachungspunkte wurde jeweils einer auf dem Gipfel, einer am Hang und einer im Tal ausgewählt. Auch sollten Gipfel- und Hangpunkt auf verschiedenen Bergen liegen. Die Arbeit war sehr anstrengend. Die Instrumente waren aber so sperrig, dass viele von ihnen gar nicht von den Pferden getragen werden konnten. Also würden wir sie wohl oder übel mühsam von Hand transportieren müssen. Um unsere Arbeit möglichst gut zu erledigen, haben wir zuerst mit einer Axt und einem großen Hammer einen Weg freigelegt, damit Menschen und Pferde passieren konnten, wenn wir zu einem neuen Überwachungspunkt kamen. Wie früher die Karawanen trugen die Pferde unsere Kisten voller Überwachungsausrüstung. Beim Aufstieg zogen einige Leute das Pferd von vorne, während andere den Pferdehintern anschoben. Beim Abstieg zogen sie am Pferdeschwanz, um die Maschinen vor jeglichen Schäden zu schützen, auch wenn sie sich dabei verletzten. Die Ehrlichkeit und Einfachheit der Dorfbewohner war wirklich sehr bewegend. Nachdem sie uns dabei geholfen hatten, die Ausrüstung an den gewünschten Ort zu bringen, kooperierten die Dorfbewohner mit den

Beamten der Stadt und folgten den Anweisungen des Arbeitsteams. Sie bewachten den Ort rund um die Uhr und kümmerten sich so lange um die Logistik, bis die Überwachungsarbeiten an einem Ort abgeschlossen waren. Dann wechselten sie zum nächsten Einsatzort.

Der Bürgermeister Li Guanghui, der selbst aus einer Bauernfamilie stammt, meinte einmal, er werde, solange er lebe, niemals das Dorf Dawodang vergessen, wie er es vor seiner Gesamtverlegung vorgefunden hatte: Jenes abgeschiedene Dorf Dawodang, das ausschließlich Nachkommen der Familie Yang beherbergte und aus zweistöckigen Holzgebäuden mit grünen Ziegeldächern bestand. Auf beiden Seiten des Haupthauses befand sich jeweils ein großes Zimmer, und auf beiden Seiten dieser Zimmer gab es Anbauten. Auf der einen Seite wurden Schweine, Kühe und andere Tiere gehalten, auf der anderen befand sich die Küche zum Zubereiten von Speisen. Insofern unterschieden sie sich nicht wesentlich von den meisten ländlichen Häusern in den Bergen von Guizhou. Die Dorfbewohner bewahrten immer noch jene Einfachheit und Aufrichtigkeit, für die Bewohner von Bergregionen oft gerühmt werden. Sie verstanden sich nicht auf oberflächliches Geplauder, aber man konnte die aufrichtige Begeisterung in ihren schlichten Gesichtern spüren. Als wir einmal zu einer Bauernfamilie kamen, brachten die Gastgeber umgehend Holzhocker heraus. Ihnen blieb aber keine Zeit, nach einem Tischtuch zu suchen. Also wischten sie den Tisch mit ihren eigenen Ärmeln ab, bis sie dachten, er sei sauber genug, und luden die Gäste herzlich ein, daran Platz zu nehmen. Der Gastgeber rief sein Kind herbei und brachte uns einen großen Krug mit bitterem Kuding-Tee. Dann holte er eine zerknitterte Packung Zigaretten aus seiner Tasche. Sie war blau-gelb und hatte einen Wert von gerade einmal fünf Yuan, und doch reichte er sie jedem Gast, um sie respektvoll zum Rauchen einzuladen.

Am 16. Mai 2000 gegen 22 Uhr endete das Projekt zur Überwachung der Funkwellenstörungen. Da es bereits dunkle Nacht war, hätte es sich äußerst schwierig gestaltet, entlang der steilen und holprigen Bergpfade zurück in die 15 Kilometer entfernte Stadt zu marschieren. Also verbrachten die Projektteilnehmer eine Nacht in Dawodang. Damit sie alle in den Häusern der Dorfbewohner unterkommen konnten, verteilten sie sich auf insgesamt zwölf Haushalte. Die Funkwellenüberwachung in Dawodang hatte zu diesem Zeitpunkt bereits mehr als einen Monat in Anspruch genommen und wurde mit diesem Tag erfolgreich abgeschlossen. Die Ergebnisse waren zufriedenstellend.

An diesem Abend war der Landrat eigens von Pingtang nach Kedu gereist, um das Arbeitsteam zu besuchen. Als er erfuhr, dass sie immer noch in Dawodang und damit an vorderster Front kämpften, eilte er weiter nach Dawodang und stieß schließlich zu ihnen. Sowohl die Mitglieder des Arbeitsteams als auch die Einheimischen von Dawodang waren über die Maßen froh, ihn zu sehen, denn zu dieser Zeit war das Dorf noch sehr arm. Ein gastfreundlicher alter Mann namens Yang Zhaoming schnappte sich einen großen Hahn, der in seinem Haus herumlief, und tötete ihn. In einer großen Pfanne briet er ihn zusammen mit Sojabohnen. Dann brachte er eine große Flasche Bauernmaisbrand aus einem Hinterzimmer, um alle zu bewirten. Der Leiter des Arbeitsteams hieß Sun und erzählte dem Landrat freudig, dass die Ergebnisse der Funkwellenüberwachung in Dawodang sehr gut waren und man kaum Störungen hatte feststellen können. Da es dort äußerst ruhig war, erfüllte der Ort die Bedingungen für die Umsetzung des Projekts im Bereich der Funkwellenstörung vollständig. Zu dieser Zeit trank man im Dorf üblicherweise aus Tonschalen, und eine Schale fasste mindestens 110, wenn nicht sogar 160 ml. Auch der Landrat war nun guter Laune und einem Umtrunk nicht abgeneigt. Er hob die Schale an und prostete sowohl den Gästen aus der Provinz als auch den Einheimischen von Dawodang energisch zu.

Im Jahr 2000 war die Finanzlage des Landkreises deutlich angespannt. Der Landrat erklärte vor Ort, dass die Bedingungen hier den Anforderungen des nationalen Funkwellenstandards entsprachen und der Landkreis Sprengstoff zur Verfügung stellen würde, um eine Instandsetzung der Straße von Taoyuandong nach Dawodang durchzuführen und den herab kommenden Führungskräften und Experten ihre Arbeit zu erleichtern!

Der Bürgermeister Li Guanghui, der schon lange davon träumte, die Straße des Dorfes Lüshui zu reparieren, obwohl sie bisher noch keinen Meter lang war, füllte sofort zwei Schalen mit Schnaps und versprach großzügig: „Seien Sie versichert, Herr Landrat! Ich garantiere, dass Ihnen binnen eines Monats eine Straße bereitstehen wird!" Der Dorfsekretär Wang Angui, der anwesend war, erhob nun ebenfalls seine Schale, trank sie aus und sprach: „Seien Sie versichert, Herr Landrat! Der Landkreis stellt den Sprengstoff und wir die Arbeitskraft zur Verfügung. Bürgermeister Li garantiert Ihnen, dass innerhalb eines Monats eine Straße fertiggestellt sein wird. Das garantiere ich Ihnen und dem Bürgermeister auch!"

Mit dem Bürgermeister und dem Landrat vor Ort, organisierte der Dorfsekretär Wang aus Lüshui ein Treffen. Am nächsten Tag leitete er eine Versammlung zur Mobilisierung der Massen, an der die betroffenen Menschengruppen aus Taoyuandong, Lüshui und Gaowu teilnahmen.

Die einfache Straße von Taoyuandong nach Dawodang ist 7,8 Kilometer lang. Die Kreisregierung stellte Sprengstoff und Zündkapseln zur Verfügung. Die Stadtregierung lud professionelle Sprengmeister ein, um die Bohrmaschinen zu bedienen und die Sprengungen vorzunehmen. Die Dorfbewohner waren für das Ebnen und Mauern der Straße verantwortlich. Jeder von ihnen musste eine 5,2 Meter lange Straßenbauaufgabe abschließen.

2.2 Ich bin verrückt
nach dem Straßenbau

Dawodang hatte nur 65 Einwohner, die in zwölf Haushalten lebten. Am 17. Juni 2000 wurde endlich eine Straße zum Berg errichtet, auf der sich Autos entlang steiler Klippen auf eine Höhe von 300 Metern winden konnten. Zum ersten Mal wurde allerlei buntes Feuerwerk über dem Pass abgefeuert. Endlich verabschiedete sich das Dorf Luanshui von der Last des Schultertragens. Als der Dorfsekretär Wang, der dieses Wunder geschaffen hatte, den Bürgermeister Li, der gekommen war, um mitzufeiern, in seine Arme schloss, war sein Gesicht vor Aufregung von Tränen überströmt.

Das märchenhafte Dawodang war zurzeit der Qing-Dynastie entstanden, als die Familie von Yang Chao Li im Jahr 1832 durch Yang Zong Cai hierher geführt wurde, um sich vor Räubern zu verstecken und sich hier niederzulassen. Seit über 100 Jahren war das Dorf aufgrund des Fehlens einer Straße zum Berg von der Außenwelt abgeschnitten.

Jeder Haushalt in Dawodang bewirtschaftete höchstens 427 Quadratmeter Land. Ihren Lebensunterhalt verdienten die Einheimischen, indem sie Bergprodukte auf ihren Schultern sowie mithilfe von Pferden über 100 Kilometer weit bis in die Kreisstadt transportieren und dort gegen Lebensmittel tauschten. Es war seit jeher ein karges Dasein, das sich auch im Laufe der Zeit nicht zu verbessern schien. Um ihre Existenznöte zu lindern, begannen die Mitglieder der Yang-Familie Anfang der 1980er-Jahre damit, in den Hangtälern unter schwierigen Bedingungen sechs bis sieben Hektar wirtschaftlich bedeutender Nutzpflanzen anzubauen, darunter auch Tungöl- und Tannenbaum. Heute bilden Tungöl-Samen und Tannenholz eine der Hauptquellen lebensnotwendiger Einkünfte. „Da eine Straße fehlt, die aus den Bergen herausführt, gestaltet sich der Transport von Lebensmitteln und Bergprodukten schwierig und zeitaufwendig. Der Effizienzgrad der Wirtschaft fällt daher extrem niedrig aus. Um überleben zu können, arbeiten schon elf junge Menschen der nächsten Generation außerhalb des Dorfes. Vor über zehn Jahren kam mein Enkel mit seiner Frau aus Anhui zu uns nach Hause, aber seine Frau konnte nicht weitergehen, als sie den Bergpass erreicht hatte. In den vergangenen Jahren konnten wir die fetten Schweine, die meine Frau und ich mühsam aufgezogen haben, nicht verkaufen und mussten sie zu Neujahr selbst essen." Yang Chao Li, 74 Jahre alt, blickte immer noch mit Tränen in den Augen auf die Vergangenheit zurück.

Von der Taoyuandong bis zum Dawodang-Pass sind es 7,8 Kilometer. Am 18. Mai 2000, bei Morgendämmerung, führte der 54-jährige Gruppenleiter Yang Chaoli mehr als 50 Männer, Frauen, Kinder und ältere Menschen aus Dawodang, die Werkzeuge trugen, um offiziell mit dem bahnbrechenden Straßenbau zu beginnen.

Nach über 100 Jahren hat sich die Familie Yang von den ursprünglichen fünf Familien, die sich hier niedergelassen hatten, zu den derzeitigen zwölf Familien mit insgesamt 65 Menschen entwickelt und verfügte objektiv über die erforderlichen menschlichen Ressourcen für den Straßenbau. Der ältere Bruder Chaoli war mit gutem Beispiel vorangegangen und hatte als Vorbild gedient, was die anderen aus den Familien sehr bewegte. Alle beschlossen, den Straßenbau als oberste Priorität anzugehen. Von den zwölf Familien konnten 56 Menschen mitarbeiten. Zusammen mit den Bewohnern der anderen drei Dörfer lebten und arbeiteten sie alle im Berg, standen früh auf und gingen spät ins Bett, unterstützten und erkundeten sich gegenseitig und arbeiteten hart mit vollem Einsatz.

Wie kann man eine Straße reparieren, die alle zufriedenstellt, insbesondere damit Autos sicher fahren können? Bürgermeister Li Guanghui hatte Vizebürgermeister Li Chenggui speziell vor Ort beauftragt. Die Reparaturleitung, bestehend aus Li Chenggui, Wang Angui und einigen Gruppenleitern und Dorfvertretern, dachte gemeinsam nach und arbeitete hart daran, einen vernünftigen und bequemen Weg zu finden. Der einzige schmale Pfad, der aus den Bergen führte, wand sich bis zum Hügel und hieß vorher „Wildschweinschlucht". Die Hangneigung stieg plötzlich auf etwa 70 Grad an und der Pfad schlängelte sich wie eine Schlange Stück für Stück nach oben. Männer unter 35 Jahre im Lüshui-Dorf mussten drei Mal pausieren, um ihre Last von etwa hundert Pfund den Hügel hinaufzutragen. Daher nannten die Dorfbewohner diesen Abschnitt „Dreimal-Pause-Hügel". Es war fast unmöglich, die Straße bis hierher weiter den Berg hinaufzubauen. „Wo ein Wille ist, ist auch ein Weg!" Wang Angui gab nicht auf und führte uns 14 Mal tief in die Berge, um wiederholt zu messen und zu planen. Nachdem er die Zustimmung aller Dorfbewohner erhalten hatte, beschloss er, entlang des alten Pfades bis zum Wantou zu bauen und dann weiter den Berg hinaufzusteigen. Der neue Pfad geht um Leigongyan, die „Schwarzbärhöhle" und das Rabennest und Schritt für Schritt durch Qinggangling und Youtonao, dann folgt er dem Hang der Berge, klettert langsam hoch und erreicht schließlich den Pass.

Von der Baustelle am 18. Mai 2000 bis zur Fertigstellung am 17. Juni dauerte es nur 28 Tage! Die Bewohner der vier Gruppen von Dawodang, Lüshui, Gaowu und Taoyuandong haben bei extrem schwierigen natürlichen Bedingungen in den tiefen Bergen gelebt. Mit Blut,

Schweiß und Tränen haben sie unermüdlich daran gearbeitet, eine bisher nicht gegebene Straße zur Außenwelt, eine Überlebensroute und einen Entwicklungsweg zu bauen.

Dieser Entwicklungsweg, der die gesamte Energie der Bewohner von Dawodang, Lüshui, Gaowu und Taoyuandong widerspiegelt, ist vier Meter breit und 7,8 Kilometer lang. Über 90 % des Projekts bestehen aus Felsenschichten, und mehr als ein Drittel der Strecke wurde durch Sprengungen an steilen und abschreckenden Hängen gebaut. Insgesamt wurden über 210.000 Kubikmeter Gestein gesprengt, davon fast 150.000 Kubikmeter Fels und 5.700 Kubikmeter Erde ausgehoben. Es wurden auch 16 Tunnel gebaut. Bei einem so anspruchsvollen Projekt wurde außer für Sprengstoff und Sprengungen von der Regierung keine finanzielle Unterstützung bereitgestellt. Alles wurde von den Dorfbewohnern mit ihren eigenen Händen und äußerst einfachen Werkzeugen erledigt! Nach Angaben der Verkehrsplaner wäre es heute unmöglich, ohne erhebliche finanzielle Investitionen durch übergeordnete Behörden zu realisieren!

Die Wildschweinschlucht war einer der größten und schwierigsten Abschnitte des Projekts. Wie wurde das fast 30 Meter hohe Planum mit riesigen Steinen von zwei bis drei Tonnen Gewicht aufgebaut? Wir waren alle erschrocken, als wir es sahen! Am Nachmittag des 25. Mai trat Yang Chaoming, der gerade dabei war, die Randsteine des Planums zu richten, ins Leere und rollte zusammen mit dem Stein mehr als zehn Meter den Abgrund herunter. Zum Glück traf der Stein ihn nicht, sonst wäre er sofort „heldenhaft gestorben". Der verletzte Yang heilte sich nur ein paar Tage lang mit Kräutern zu Hause und tauchte dann hinkend auf der Baustelle auf. Seine drei jüngeren Brüder versuchten, ihn dazu zu überreden, sich ein paar Tage auszuruhen, wurden aber von ihm gescholten, sodass sie nichts mehr sagten. Chaoming ertrug den Schmerz und hämmerte Stein für Stein auf die Felsen ein und stapelte sie zu einem soliden Planum ... Mit seinen alten Händen und seiner unermüdlichen Ausdauer baute der alte Mann in nur sechs Tagen vier Abschnitte mit einer Gesamtlänge von 50 Metern alleine! Als seine Brüder sahen, dass er sein Leben für den Straßenbau riskierte, weinten sie gemeinsam. Ich besuchte an diesem Tag absichtlich den ehrwürdigen alten Mann aus der ethnischen Minderheit Bouyci. Er hatte ein von

Bambuswurzeln hergestelltes Pfeifenrohr, das über 30 cm lang war, im Mund und sein Gesicht war von den Zeichen des Alters gezeichnet. Trotzdem strahlte er geistige Klarheit aus und sein Ausdruck war ruhig wie Wasser. Als er nach seiner Meinung zum Straßenbau gefragt wurde, antwortete er sehr einfach: „Die Straße wurde damals zum Wohl der Nachkommen gebaut. Wenn ich sehe, dass die Straße fertiggestellt ist, kann ich meine Augen beruhigt schließen, wenn ich sterbe." Die paar Worte von ihm berührten alle Anwesenden tief.

2.3 Der Weg führt fortan in die Ferne

Der alte Bürgermeister Li Guanghui erinnerte sich lebhaft an den Bau dieser Dorfstraße, als wäre es gestern passiert:

Am Abend des 16. Mai erklärte der Landrat vor Ort in Dawodang, dass der Landkreis Sprengstoffmaterialien zur Verfügung stellen würde und die Menschen ihre Arbeitskraft einsetzen sollten, um die Straße zu bauen. Noch am selben Abend fand eine Versammlung in Dawodang statt und die Menschen waren überglücklich. Am 17. Mai wurden Vertreter der Stadt und Dorffunktionäre beauftragt, den Standort auf der vorhandenen unbefestigten Straße zu wählen und zu vermessen. Am 18. Mai begannen die Menschen von Dawodang frühmorgens mit Essen und Trinken zur Arbeit zu kommen. Am 19. Mai waren auch die Menschen aus Taoyuandong, Lüshui und Gaowu bereit zum Einsatz. Das Bohren von Löchern, das Einsetzen von Sprengstoff und das Zünden der Explosion wurde von der Stadtverwaltung übernommen, während die Bürger für eine Aufgabe von 5,2 Metern pro Person verantwortlich waren. In den Tälern und an den Hängen der Berge sprengten wir Steine auf und sahen dann Männer mit Hämmern und Meißeln auf der Baustelle arbeiten, während Frauen und Kinder wie Sternschnuppen hin und her huschten und Steine vor den Männern ablegten. Stück für Stück entstanden Mauern und Straßenabschnitte unter ihren Händen, jeden Tag sah die Straße anders aus. Die Straße war nicht mit Schlamm bedeckt, sondern mit Steinen belegt. Diese Steine waren so groß wie Waschbecken, Schüsseln oder Handflächen und unterschieden sich in Größe. Weder Fußgänger noch Fahrzeuge konnten darauf gehen.

Auf der Baustelle trugen Frauen und Kinder Steine für die Männer und gruben mit Schaufeln überall Schlamm aus, um ihn auf den Straßen zu verteilen. Um den ersten Überlebens- und Entwicklungsweg in der Geschichte des Dorfes Lüshui so schnell wie möglich zu reparieren, das Projekt des Großen Radioteleskops in Dawodang anzusiedeln und das Schicksal der Armut und Rückständigkeit vollständig zu verändern, kochten diese hart arbeitenden Menschen ihre drei Mahlzeiten im Freien auf einem Feuer, das auf Steinen stand. Sie arbeiteten von Sonnenaufgang bis Sonnenuntergang unermüdlich weiter. Das Bild der Dorfbewohner, die in Gruppen zusammenkamen und gemeinsam Straßen bauten, war tief bewegend und erweckte Respekt und wird für immer in meiner Erinnerung eingraviert sein.

Zu dieser Zeit gab es in der Gemeinde nur einen Pick-up-Truck, der einmal pro Woche zum Landkreis Pingtang fuhr, um Sprengstoff zu transportieren. Bei jeder Fahrt wurden 20 Kisten Sprengstoff geladen, aber damals konnte der Sprengstoff nur bis zum Taoyuandong gebracht werden. Um weiter hineinzugehen, mussten die Menschen ihn auf dem Rücken oder mit Pferden tragen. 28 Tage, wirklich nur 28 Tage, diese 7,8 Kilometer lange Bergstraße wurde schließlich von einer Gruppe ungeschulter Bauern mit ihren rauen Händen voller Hornhaut, Blasen und Narben aus den Klippen und dem Urwald gebaut! Am Nachmittag des 17. Juni habe ich dem Landrat extra berichtet: „Herr Landrat, die Straße von Taoyuandong nach Dawodang ist fertig! Die Bevölkerung hat mich gebeten, Sie zur Feier vor Ort einzuladen!" Objektiv betrachtet haben wir damals vorgeschlagen, Straßen zu bauen, um die Tests zur Störung von Radiowellen und die Ein- und Ausfahrt von Projekten zu erleichtern. Wir hatten nicht erwartet, dass der Wunsch der lokalen Bevölkerung nach Überleben und Entwicklung so stark sein würde, ihre Motivation war sogar höher als unsere. Sowohl der Landkreis, die Gemeinde als auch die Dorfbewohner haben sich große Mühe gegeben und einen riesigen Beitrag geleistet. Mit der Bestimmung des Standorts für das Große Radioteleskopprojekt in 2006 wurden die Straßen erweitert, repariert und umgebaut - danach war es unglaublich!

An dem Frühlingsabend vom 17. April 2020 spielten die Brüder Zhigang absichtlich oder unabsichtlich immer wieder das Filmlied „Lebeiliji" in der Laitesite-Tea-Bar am Ufer des Pingzhou Flusses in der Stadt

Pingtang. Der Film, der auf meinem Roman basiert, trägt den gleichen Namen wie das Lied, gesungen von Mo Guoxian, König der Volkslieder von Bouyei. Die Atmosphäre war sehr harmonisch. Im sanften Licht trank der ehemalige Bürgermeister Li Guanghui aus Kedu eine volle Tasse warmen Pu'er-Tee. Das Gespräch drehte sich weiterhin um Straßenbau.

Die Aktivität der Bewohner und die Fortschrittlichkeit der alten Parteimitglieder wurden bei diesem großen Straßenbauprojekt vollständig zum Ausdruck gebracht. Um das Versprechen, die Straße innerhalb eines Monats fertigzustellen, einzulösen, arbeiteten Li Chenggui und Wang Angui von früh bis spät, kamen im Wind und gingen im Regen, und waren unermüdlich auf der Baustelle tätig, um die sichere Durchführung der Arbeiten zu leiten. Am Abend des 27. Mai kehrte Wang, der Dorfsekretär, nach Hause zurück und bewirtete den stellvertretenden Bürgermeister Li Chenggui, der sich gut mit den Menschen vor Ort verstand, mit einem geschlachteten Hahn. Gerade als sie ein paar Gläser Schnaps getrunken hatten, fing es an zu regnen. Es regnete stark und es war eine seltene Gelegenheit, Wasser für die Felder zu bekommen und Reis zu pflanzen. Der Dorfsekretär Wang war so herzlich, dass er einige Gläser Alkohol nacheinander einschenkte und ihm eine große Schüssel Beilagen servierte. Dann zog er seinen Regenmantel an und führte seine Frau mit einer Laterne voran, während er einen Ochsen führte. Sie eilten die ganze Nacht hindurch, um Wasser für die Felder zu bekommen. Er musste dieses wichtige Ereignis in seinem Haus abschließen, indem er vor Sonnenaufgang auftauchte und pünktlich und fehlerfrei auf der Baustelle erschien.

Um das Denken zu vereinheitlichen, hatten wir zuerst eine Parteiversammlung abgehalten. Aufgrund der sehr schlechten Verkehrsanbindung hatten wir darum gebeten, dass Parteimitglieder unter 60 Jahren teilnehmen, während für diejenigen über 60 Jahren keine Anwesenheitspflicht bestand. Niemand hätte erwartet, dass die beiden älteren Parteimitglieder Wang Liupo (76 Jahre alt) und Wang Liugong (78 Jahre alt) trotzdem mit ihren Gehstöcken erscheinen würden. Die Hoffnung der Dorfbewohner auf den Straßenbau hat wirklich unsere Vorstellungskraft übertroffen. Die beiden fast 80-jährigen alten Parteimitglieder haben sich auf den drei Kilometer langen holprigen Bergweg gemacht und sind mit ihren Gehstöcken auf der Versammlung erschienen. In diesem Moment hat dies alle Menschen berührt und ich war so bewegt, dass mir Tränen in die Augen schossen!

Diese Gruppe von Parteimitgliedern, die Straßenbau betrieb, verkörperte den Geist des Kampfes, der Hingabe, des Nicht-Akzeptierens von Rückständigkeit und der uneingeschränkten Unterstützung des Landes in unserer armen Region! Bei unserer Versammlung zur Mobilisierung der Parteimitglieder für den Straßenbau waren auch Parteimitglieder über 70 Jahre alt gekommen. Was trieb sie dazu an, freiwillig an dieser Veranstaltung teilzunehmen? Das war unser revolutionärer Geist. Warum kochten wir unterwegs Reis und trugen unsere eigenen Vorräte mit uns, wenn wir zu einer Versammlung oder zum Straßenbau zur Unterstützung des chinesischen Radioteleskops gerufen wurden? Warum stellten wir unsere persönlichen Angelegenheiten hinten an und eilten herbei? Das war unser nationaler Geist, unser Geist der Hingabe und des Kampfs. Wir verlangten keinen Cent vom Staat. Mit unseren eigenen Händen, unseren großen Hämmern, unseren Stahlstangen und unseren Hacken wollten wir diese Straße aufschlagen und ausgraben, um den Aufbau des Landes zu unterstützen und unseren Beitrag zu leisten.

Insbesondere seit der Standortauswahl in Pingtang hatten das Kreiskomitee und die Kreisregierung große Aufmerksamkeit, insbesondere dem Verkehrsministerium als Hauptakteur gegenüber. Alle Abteilungen arbeiteten aktiv zusammen und mobilisierten unter sehr schwierigen Bedingungen die Massen, um gezielt aufzurüsten. Es wurden Kreisstraßen von der Stadt zum jeweiligen ausgewählten Senkungsgebiet eröffnet, um den Weg für das Großteleskopprojekt freizumachen. Dadurch wurden die Straßen im Landkreis gut vernetzt und frei von Hindernissen …

Später, sowohl in Dawodang als auch in Kedu und weit über die Grenzen hinaus bekannten astronomischen Kleinstadt war der Verkehrsbau so intensiv, dass der Ausdruck „eine völlige Verwandlung" nicht ausreicht. In der Vorbereitungsphase des Baus vom Radioteleskop wurden in Pingtang verschiedene Projekte, Ressourcen und Finanzmittel effektiv integriert und aktiv Straßen wie die von Niujiao nach Dawodang, Tangbian nach Dawodang und Lüshui nach Shaping mit einer Gesamtlänge von 38 Kilometern gebaut. Diese Straßen dienten als Transportwege für die Voruntersuchung und den Bauprozess des FAST-Projekts.

Um den schnellen Bau des chinesischen Radioteleskops FAST zu gewährleisten, hat Pingtang aktiv die Transportbedingungen für große Geräte und andere Materialien geschaffen. Durch die Beantragung von Projekten und andere Maßnahmen wurden insgesamt 1,35 Milliarden Yuan investiert, um die 102 Kilometer lange Straße S312 von Dushan über Pingtang nach Dongjia zur Nationalstraße G552 aufzurüsten und die 25 Kilometer lange Straße S315 von Hanglong nach Tubao auszubauen. Die Fertigstellung des Projekts hat die Reisezeit zur Baustelle von FAST erheblich verkürzt und eine Transportgarantie für den schnellen Bau des chinesischen Radioteleskops bereitgestellt.

Um den reibungslosen Betrieb von FAST in der Zukunft besser zu unterstützen, einen effizienteren und bequemeren Service zu gewährleisten und relevante nationale Institutionen und ihre Expertenteams schnell ankommen zu können, wurde am 31. Dezember 2019 unter der richtigen Führung des Provinzkomitees, der Provinzregierung, des Bezirkskomitees, der Bezirksregierung und des Kreiskomitees sowie der Kreisregierung und mit Anstrengungen des Verkehrssystems der gesamten Provinz und der Menschen in Dushan, Pingtang und Luodian die Autobahn von Dushan über Pingtang nach Luodian auf einer Länge von 118 Kilometern (davon 67 Kilometer in Pingtang) vollständig eröffnet.

Um den sicheren Betrieb des Großteleskops zu gewährleisten, wurde das G552 von Gujiaao im Kreis-Pingtang bis Luodian im Kreis-Dongjia Abschnittsprojekt zur Verlegung und Verbesserung gestartet und in den Bau der Autobahn von Pingtang nach Luodian aufgenommen. Der Ausgangspunkt des Projekts befindet sich in Gujiaao im Kreis Pingtang, und endet in Dongjia vom Kreis Luodian. Die Gesamtlänge der Strecke beträgt 16,91 Kilometer, wovon 10,99 Kilometer innerhalb des Kreises von Pingtang liegen. Das Projekt wurde von der Guizhou Provincial Highway Engineering Group Co., Ltd. durchgeführt. Seit Beginn des Bauprojekts im Oktober 2018 hat Pingtang insgesamt zwölf koordinierte Fachkonferenzen abgehalten, um eine Reihe von Problemen wie Baufortschritt und Konflikte während der Projektdurchführung zu lösen. Innerhalb eines Monats wurden ca. 167.674 Quadratmeter Landenteignung, 36 Gräberumzüge und 14 Abrisse von Gebäuden durchgeführt, ohne dass es zu Massenpetitionen oder Arbeitsstörungen kam. Gleichzeitig wurde mit den drei beteiligten Einheiten vor dem Eintreffen der Bauunternehmen die Entwurfsplanung und Budgetierung abgeschlossen und die Priorität auf die Verlegung der Straßenabschnitte gelegt, die den Bau beeinflussen, um einen geordneten Fortschritt des Projekts zu gewährleisten. Das Projekt wurde am 25. Mai 2019 vollständig abgeschlossen und am 30. Mai 2019 erfolgreich abgenommen und der Duyun Highway Administration zur Verwaltung übergeben.

Gleichzeitig wurde die Straße von Pingtang nach Dongjia, einschließlich der Abschnitte von Bojin, Niujiao und Dashedian Kreuzung, die sich mit der S312 Kreuzung befanden, vollständig gesperrt. Der Verkehr von Fahrzeugen, die von Gujiaao über Kedu nach Luodian fahren wollten, wurde eingeschränkt. In Pingtang wurden rechtzeitig Schilder für stille Zonen im Bereich von fünf bis 30 Kilometern aufgestellt und regelmäßige Straßeninstandhaltungsarbeiten durchgeführt. Es wurden regelmäßige Inspektionen auf den Straßen S315 Hanglong bis Tubao, Tangbian über Daniao bis Tiankeng durchgeführt, um Sicherheitsrisiken sofort zu erkennen und zu behandeln und die Sicherheit der Straßen zu gewährleisten. Es wurden zwölf Busse eingesetzt und drei spezielle Buslinien von Hanglong nach Tubao, Tongzhou nach Kedu und Kedu über Qingshui nach Tangbian eröffnet, um dem FAST-Forschungsteam, den Familienangehörigen und der lokalen Bevölkerung einen qualitativ hochwertigen Service zu bieten.

Pingtang hat nicht nur bemerkenswerte Leistungen im Bereich des Verkehrsbaus erzielt, sondern auch verschiedene Regelungen und Verantwortungssysteme für den Verkehrsbetrieb und das Transportmanagement etabliert und verbessert. Es wurden Sicherheits- und Zivilisationsaktivitäten durchgeführt, um eine sichere, zivilisierte und reibungslose Transportordnung zu gewährleisten, was mehrfach von übergeordneten Stellen anerkannt wurde. In der kühlen Nachtluft, umgeben von Tee-Duft, genießt der bald in den Ruhestand gehende ehemalige Bürgermeister Li Guanghui den speziell von seinem Bruder Zhigang angebotenen gereiften Pu'er-Tee und schwelgt lange in vergangenen Erinnerungen …

Kapitel 3

Auf dem Schlachtfeld kämpfen, aus dem Kokon ausbrechen und zum Schmetterling werden

China hat im Rahmen seiner Beteiligung am SKA-Projekt sein eigenes Konzept entwickelt und dieses sogar vor dem SKA-Projekt erfolgreich abgeschlossen.

Die wissenschaftlichen Ziele des chinesischen FAST-Teleskops sind aber die gleichen wie die des SKA. Jeder Fortschritt des SKA ist deshalb gleichzeitig auch ein Fortschritt für das chinesische FAST-Teleskop.

Das chinesische FAST-Teleskop ist bereits in Betrieb und hat auch schon bedeutende Beobachtungsergebnisse erzielt, während das SKA erst im Jahr 2030 fertiggestellt werden soll.

3.1 Peng Bo: Leidenschaftliche Jahre

Als die Abteilung für Astrophysik der Fakultät für Geophysik der Universität Peking im Jahr 1983 fünfzehn Studierende aufnahm, hatte auch ich das Glück, in den Yan-Garten einzutreten. An der Fakultät für Geophysik wird eine Vielzahl von Fachgebieten erforscht, darunter Geologie und Meteorologie sowie Atmosphären-, Raum- und Astrophysik. Damit deckt sie einen riesigen Bereich ab, der sich von der unmittelbaren menschlichen Lebensumgebung bis in die Weiten des Universums erstreckt. In ihr verkörpert sich der Wunsch, auch bei der Betrachtung des Sternenhimmels stets mit beiden Beinen fest auf dem Boden stehen zu bleiben.

Mit Radioteleskopen kam ich zum ersten Mal in Berührung, als ich mir auf der Insel im See Weiming im Philosophiegebäude des dortigen Pavillons einen Vortrag über ein Modell des „Leuchtturm" genannten Pulsars anhörte. Jener Weg, der mich schließlich zum chinesischen FAST führen sollte, nahm dort seinen Anfang. Das dritte Lehrgebäude der Universität Peking ist in meiner Erinnerung vor allem ein Ort, der vor den Prüfungen vom Schein der Lampen hell erleuchtet wurde. Während der Studienzeit diente es uns als romantische Bibliothek. Unsere Alma Mater ist gewissermaßen das Bindeglied zwischen Vergangenheit und Gegenwart. Sie ermöglicht uns Begegnungen mit bedeutenden Persönlichkeiten verschiedener Epochen und hat zahlreiche edle Menschen geprägt.

Nach meinem Studienabschluss wurde ich dem Pekinger Observatorium zugewiesen.

Im Jahr 1993 beteiligte ich mich an dem LT-Projekt (Large Telescope), bei dem zehn verschiedene Länder zusammenarbeiteten. Gemeinsam entwickelten wir das Konzept eines Large Telescopes in China. Im Mai reiste der niederländisch-amerikanische Wissenschaftler Richard Gordon Strom, nachdem er zuvor schon an einer internationalen Konferenz in Xi'an teilgenommen hatte, eigens nach Peking, um dort das als Pionier der chinesischen Radioastronomie bekannte Akademiemitglied Wang Shouguan zu besuchen. Gleichzeitig war Herr Wang auch der

Am 17. Oktober 2020 führte ich (links, Meng Zemin) während der Autofahrt ein Interview mit Herrn Peng Bo (rechts).

Doktorvater von Nan Rendong und mir. Als Richard Strom ihn zusammen mit einem seiner Mitarbeiter aufsuchte, wurde er dabei von Wu Shengyin und mir begleitet. Im Hause von Wang Shouguan angekommen, stellte ihm Richard Strom das Projekt des Large Telescopes vor.

Zu dieser Zeit war die Idee eines großen Radioteleskops noch relativ unbekannt in China. Auch wir hörten zum ersten Mal von der Existenz eines solchen Projekts. Aber das Akademiemitglied Wang Shouguan hatte damals sofort eine klare Haltung: Dieses Projekt ist eine noch nie da gewesene Chance! China muss sie unbedingt ergreifen und aktiv daran teilnehmen!

Nan Rendong war damals stellvertretender Direktor der Pekinger Observatorien und innerhalb der internationalen astronomischen Gemeinschaft ein bekannter Astronom. Als es in den Gesprächen darum ging, eine für die Rolle des Projektleiters geeignete Person vorzuschlagen, machten sich daher alle für ihn stark. So rückte das internationale Projekt eines großen Radioteleskops in den Blickwinkel Chinas. Und am Ende eines beschwerlichen Weges entstand schließlich das Himmelsauge.

Schon Ende Juni begab ich mich als Gastwissenschaftler in die Niederlande. Bald darauf fand dann die 24. Konferenz der Internationalen Union für Funkwissenschaften in Japan statt, bei welcher China durch Wu Shengyin vertreten wurde. Ich blieb ein ganzes Jahr lang in den Niederlanden und kehrte erst im Juni 1994 zurück. Daraufhin gründete ich zusammen mit Nan Rendong, dem stellvertretenden Direktor der Pekinger Observatorien, einen LT-Forscherkreis. Um dessen Arbeit voranzutreiben, fungierte ich dabei als Gruppenleiter. Durch die kontinuierliche Teilnahme an internationalen Kooperationen gelang es uns allmählich, unsere eigenen Ideen auszuarbeiten, sodass wir 1997 schließlich die drei Hauptinnovationen von FAST im Wesentlichen fertig entwickelt hatten.

Und welche drei Hauptinnovationen sind das genau?

Die erste Hauptinnovation besteht darin, dass als Standort für das Himmelsauge ein riesiges Karsttal ausgewählt wurde. Im ersten Halbjahr

1994 kam Dr. Nie Yueping zum ersten Mal zur Untersuchung potenzieller Standorte nach Guizhou. Er war dort aufgewachsen und mit der geologischen Beschaffenheit der Karstlandschaft bestens vertraut. Begleitet wurde er dabei von Kollegen des Wissenschafts- und Technologieamtes der Provinz Guizhou. Mit ihnen bereiste er die Bezirke Puding und Pingtang. Sobald er wieder zurück in Peking war, reichte er einen umfangreichen Untersuchungsbericht ein. Im November desselben Jahres machte er sich dann gemeinsam mit Richard Strom und mir abermals auf den Weg nach Guizhou, um für das große Radioteleskop eine geeignete Funkumgebung zu suchen. Dazu muss man wissen, dass die Funkumgebung für ein Radioteleskop so wichtig ist wie für uns Menschen die Luft. Die Qualität der Luft bestimmt schließlich unsere Lebensqualität, was sie zu einem entscheidenden Faktor für uns macht. Neben der Funkumgebung mussten noch weitere Dinge berücksichtigt werden. Insbesondere an die Bereiche Topografie, Ingenieurgeologie und Hydrogeologie stellte man hohe Anforderungen. Daher gab es bei der Auswahl eines Standorts für das große Radioteleskop eine Vielzahl von Problemen und Herausforderungen, die nach und nach gelöst werden mussten. Aber zuerst galt es, einen Bereich mit guter elektromagnetischer Umgebung zu finden und dort dann ein geeignetes Tal auszuwählen, das ein solch großes Teleskop würde aufnehmen können. Aus dem internationalen Projekt zum Bau eines großen Radioteleskops, damals noch LT genannt, machten wir später dank eigener unabhängiger Innovationen das FAST-Projekt. Das ursprüngliche LT hingegen firmiert seit 1999 unter dem neuen Namen SKA. Der Bau dieser Teleskope in Südafrika und Australien beginnt aber erst 2021, da er sehr kostspielig ist. Schon die erste Phase wird voraussichtlich rund zwei Milliarden Euro kosten. Es geht also um Beträge, die normalerweise nicht von einem einzelnen Land bewältigt werden können.

Der Provinz Guizhou verhalf die Astronomie zu einer gewissen Internationalisierung. Die dritte internationale Konferenz des großen Radioteleskops, die vom 2. bis 6. Oktober 1995 in Huaxi in Guiyang stattfand, war die erste größere internationale Konferenz in der Geschichte von Guizhou. Über den Gesamtverlauf des FAST-Projekts hinweg konnten im Rahmen von Standortauswahl, Erschließung, Bau und Inbetriebnahme immer wieder zahlreiche internationale Spitzenwissenschaftler sowie Veranstalter internationaler Konferenzen eine Verbindung zu Gu izhou aufbauen, was dazu führte, dass Guizhou schlagartig die internationale Bühne betreten durfte. Insbesondere die Bedeutung der dritten internationalen Konferenz des Radioteleskops in Huaxi im Jahr 1995 war enorm. Dort stellte man nämlich fest, dass ein Bau nach Art des amerikanischen Arecibo-Radioteleskops für China zu teuer sein würde. Um die Kosten zu senken, war Innovation erforderlich. Den Antrieb der Feed Cabins stellte man kurzerhand auf ein Seilzugsystem um. Ein flexibles Tragesystem trat an die Stelle eines starren. Dies war eine sehr gute und mutige Innovation, die damals hohe Anerkennung erfuhr, aber auch mit einem größeren Risiko einherging, da niemand zuvor so etwas je gemacht hatte. Das Postdoc-Team von Dr. Duan Baoyan hat an der Technischen Hochschule für Elektronik und Elektrotechnik Xi'an die zweite große Innovation für das chinesische Radioteleskop erzielt: Im Rahmen ihres Forschungsprojekts wurde ein leichtes Seilträgersystem entwickelt, welches dem Ziehen der Feed Cabins dient und die Bereiche Optik, Mechanik und Elektronik in sich integriert.

Bis Januar 1996 haben wir gemeinsam mit dem Institut für Fernerkundung der Chinesischen Akademie der Wissenschaften eine umfangreiche Datenbank erstellt, in der fast 400 Senken in Guizhou dokumentiert sind. Später bin ich nach Großbritannien gereist, um an einer astronomischen Konferenz teilzunehmen. Bei dieser Gelegenheit konnte ich von der Standortauswahl und dem Anlegen der Datenbank Bericht erstatten. Ich habe der internationalen astronomischen Gemeinschaft also mitgeteilt, dass China große Radioteleskope bauen möchte und dafür genügend Standorte in Guizhou vorhanden sind.

In diesem Jahr führte das Postdoc-Team von Dr. Duan Baoyan an der Technischen Hochschule für Elektronik und Elektrotechnik Xi'an weiterhin intensive Forschungen zu ihrem leichten Seilträgersystem durch.

Das Akademiemitglied Wang Shouguan hegte ein anhaltend großes Interesse an unserer Arbeit. Immer wieder betonte er uns gegenüber, dass es nicht damit getan sei, ein Großteleskop zu schaffen, das so empfindlich ist wie das amerikanische 305-Meter-Teleskop in Arecibo. Vielmehr war er überzeugt davon, dass es noch größer sein und über einen noch größeren Beobachtungsbereich verfügen sollte. Denn das 305-Meter-Teleskop in Arecibo sei zwar groß, könne aber trotzdem nur einen kleinen Bereich des Universums sehen, der direkt über uns liegt. Tatsächlich hatte das Team um Nan Rendong bereits damals die Idee, das 305-Meter-Teleskop zu übertreffen, auch wenn es uns dafür an Personal mangelte und der Fortschritt nur schleppend voranging. Herr Wang schrieb uns also einen Brief, in dem er die Bedeutung einer Erweiterung des Zenitwinkels hervorhob. Zu dieser Zeit war durch Wu Shengyin schon berechnet worden, dass ein Zenitwinkel, der mehr als 10° größer als der von Arecibo sein sollte, eine Öffnung von 500 Metern erfordern würde. In diesem Jahr ging Nan Rendong nach Japan und ich begab mich nach Deutschland. So führten wir weitere Forschungsarbeiten im Bereich der Großteleskope durch.

Inzwischen wurde immer wieder über den möglichen Namen eines 520 Meter oder zumindest über 500 Meter großen Radioteleskops gesprochen, da er aller Wahrscheinlichkeit nach sowohl lang als auch umständlich ausfallen würde. Eines Tages, während ich mit dem Bus die 25 Kilometer von der Pekinger Sternwarte zu meinem Zuhause fuhr, kam mir eine mögliche Bezeichnung für die chinesische Variante des SKA-Projekts in den Sinn: KARST! K steht für Quadratkilometer, A für Fläche, R für Radio, S für Synthese und T für Teleskop. Das Akronym würde also für ein Radiosyntheseteleskop mit einer Fläche von einem Quadratkilometer stehen und zugleich perfekt zu den reichen Karstlandschaften von Guizhou passen, in denen sich das Radioteleskop dann befinden würde. Auch die große Senke von Dawodang ist ja ein typisches Merkmal eines Karstgebiets. Im Jahr 1997 aber habe ich mich dazu entschieden, dem chinesischen Großteleskop den Namen „FAST" zu geben.

Während Nan Rendong ein Jahr in Japan und ich ein halbes Jahr in Deutschland zubrachten, stellte der Astronom Qiu Yuhai die großartige Idee vor, die aktive Reflektoroberfläche von einer Kugelform in eine Parabolform umzugestalten. Nachdrücklich empfahl ich Herrn Nan, sich auf diesen Gedanken einzulassen. Aber er war zuerst nicht ganz einverstanden damit. Der Grad unserer Innovation war für ihn ohnehin schon hoch genug und er äußerte die Befürchtung, dass sich womöglich die gesamte Teleskopstruktur bewegen würde, sobald sich die Reflektoroberfläche in Bewegung setzt. Er hielt diese Idee also für allzu schwer umsetzbar. Glücklicherweise war er aber grundsätzlich ein Wissenschaftler, der bereit war, neue Ideen anzunehmen. So kam es, dass er diese großartige Idee, die später die drittgrößte Innovation des Projekts ausmachen sollte, schließlich doch noch rechtzeitig übernahm.

Als Nan Rendong und ich im April 1998 nach China zurückkehrten, war das gesamte FAST-Konzept bereits vollständig entwickelt worden. Es wurden viele Arbeitsgruppen eingerichtet, darunter durch die Technische Hochschule für Elektronik und Elektrotechnik Xi'an, die Tongji-Universität und das Institut für Fernerkundungsanwendungen der Chinesischen Akademie der Wissenschaften. China hatte im Laufe seiner diversen Beteiligungen an internationalen Großteleskopprojekten sein eigenes FAST-Projekt entwickelt. Wir änderten den Namen des „LT-China-Beförderungskomitees" in „FAST-Projektkomitee", wobei Herr Nan als leitender Ingenieur und Chefwissenschaftler fungierte und ich als Direktor des Projektkomitees.

Im Jahr 1999 führte das nationale Wissensinnovationsprojekt einen Pilotversuch an der Chinesischen Akademie der Wissenschaften durch. Durch den Start dieses Projekts kam es dazu, dass auch das FAST als bedeutendes Projekt innerhalb der Astronomiebranche eingestuft und ihm ein Budget von vier Millionen Yuan genehmigt wurde. Vor der Bewilligung dieses Sonderbudgets hatten wir nur wenig Geld. Seit der Gründung unserer offiziellen Organisation, dem Forschungsteam für Großteleskope, im Jahr 1994 durch das Astronomische Observatorium Peking waren wir permanent gezwungen, mit äußerst begrenzten Mitteln auszukommen. Im Jahr 1995 waren es nur 20.000 Yuan, und auch 1996 waren es erst 50.000 Yuan. Von 20.000 wuchs es also bis auf 4.000.000 Yuan! So haben wir tatsächlich den Übergang weg von theoretischen Diskussionen und hin zu experimenteller Forschung vollzogen. Denn dank dieser vier Millionen Yuan konnten wir mit Simulationsexperimenten beginnen, um bei den Schlüsseltechnologien voranzukommen. Der Direktor des Labors für das große Radioteleskop war Nan Rendong, der im Jahr 2005 im Alter von 60 Jahren in den Ruhestand ging, woraufhin ich seine Position als Direktor übernahm.

Das FAST-Projekt wurde im Jahr 2007 von der Nationalen Entwicklungs- und Reformkommission genehmigt. Im September des folgenden Jahres gründete man eine Abteilung für Projektmanagement, wobei

Nan Rendong zum Chefingenieur und leitendem Wissenschaftler von FAST ernannt wurde. Bei den Nationalen Astronomischen Observatorien handelt es sich um eine juristische Person, die durch einen Direktor vertreten wird. Daher wurde die Rolle des Projektmanagers durch ihren Direktor Yan Jun übernommen. Unter diesem Manager stehen noch zwei stellvertretende Manager, wobei einer von ihnen Wang Yi ist, der stellvertretende Direktor der Nationalen Astronomischen Observatorien. Der andere bin ich.

Bei der Zusammenarbeit mit der Provinz Guizhou war das Wissenschafts- und Technologiekomitee (später als Abteilung für Wissenschaft und Technologie bezeichnet) unser Hauptansprechpartner. Nach der Genehmigung auf nationaler Ebene durch die Nationale Entwicklungs- und Reformkommission wurde die Abteilung für Wissenschaft und Technologie der Provinz natürlich zur Entwicklungs- und Reformkommission. Sowohl diese Entwicklungs- und Reformkommission als auch die Abteilung für Wissenschaft und Technologie haben uns in Guizhou sehr geholfen, und die Zusammenarbeit verlief sehr angenehm. Dafür, dass sie zum Erfolg des FAST-Projekts beigetragen haben, sind wir den zahlreichen beteiligten Beamten gegenüber sehr dankbar.

Es ist kaum mehr als zehn Jahre her, da waren die Chinesen im Großen und Ganzen noch sehr unvertraut mit der Astronomie, obwohl dies im Ausland schon länger nicht mehr der Fall war. Insbesondere in Europa und den USA hatte sie sich fest etabliert, sodass etwa 70-80 % der Universitäten Astronomie als Studienfach anboten. In China gab es zu dieser Zeit lediglich drei Standorte, an denen man Astronomie studieren konnte. Auch heute haben immer noch weniger als 20 Hochschulen dieses Fach im Angebot. Drei von ihnen sind die Qiannan Normal University for Nationalities (QNUN), die Universität zu Guizhou und die Pädagogische Universität Guizhou. Allen drei gemein ist, dass sie sich der Astronomie erst aufgrund des FAST-Projekts, das allmählich in Guizhou aufgebaut wurde, öffneten. Es handelt sich bei dieser Erweiterung des Studienangebots also um ein Ergebnis der Zusammenarbeit zwischen unserem FAST-Projekt und der lokalen Regierung. Diese Kooperation führte neben der Gründung neuer Fachrichtungen auch dazu, dass Talente angezogen und ausgebildet wurden und in der Folge auch viele Promotionen im Bereich der Astronomie erfolgten. Selbst die

Qiannan Normal University for Nationalities verfügt schon über mehrere Doktoren der Astronomie, und die anderen beiden Universitäten haben mindestens sieben oder acht. Ebenso gelang es uns, nationale Stiftungen zu beantragen und mehrere nationale Projekte zu erhalten. Auch die Qiannan Normal University for Nationalities, die seinerzeit noch gar keine nationalen Projekte vorweisen konnte, ist inzwischen zu einigen gelangt. Das gleiche gilt für die Stiftungen der Nationalen Stiftungskommission: Obwohl sie früher nie welche erhielt, besitzt sie jetzt schon mehrere. Dies alles sind direkte Ergebnisse der Eröffnung neuer Fachrichtungen, die mit dem Bau des FAST-Projekts an den drei Universitäten einsetzte. Die Auswirkungen, welche Wissenschaft und Technologie auf Entwicklung und Einfluss der Provinz Guizhou haben, sind offensichtlich und selbsterklärend.

Mit den Leitern des Kreisparteikomitees und der Kreisregierung von Pingtang haben wir immer gut zusammengearbeitet. Bis heute pflegen wir freundschaftliche Beziehungen. So hat uns etwa der stellvertretende Landrat Wang Zuopei bei der Standortwahl stets begleitet. Im Jahr 2016 habe ich ihn dann in Guiyang besucht, nachdem er in den Ruhestand getreten und mit seiner Tochter zusammengezogen war. Als ich

In den 1990er Jahren begleitete Wang Zuopei (zweiter von rechts) Nie Yueping, Peng Bo und Zhu Boqin bei der Standortauswahl im Freien.

zu ihm nach Hause kam, litt er an grauem Star und konnte nicht mehr
klar sehen. An diesem Tag lud er mich herzlich ein, bei ihnen zu essen.
Auch damals als Landrat hatte er es nicht leicht gehabt. Oft gab es keine
Straßen an den Orten, die wir besuchten. Mit einer Sichel in der Hand
und einem hölzernen Knüppel auf dem Rücken ging er immer voran,
um uns Wissenschaftlern aus Peking den Weg zu weisen. Dabei half er
uns, indem er alle Äste und Dornen abschnitt, die unsere Körper verlet-
zen könnten. Zuvor wäre ich niemals auf die Idee gekommen, dass ein
Landrat uns als Reiseleiter dienen und uns jungen Leuten stets hilfsbe-
reit vorausgehen würde. Sein ehrliches und einfaches Erscheinungsbild
wird für immer in unseren Herzen weilen.

Es gab keinen Weg auf der ganzen Welt, aber wir haben unseren eigenen
gefunden und wirklich erlebt, was andere nur in Büchern lesen.

Als es an die Störfunküberwachung ging, wurden die Dieselgenerato-
ren, die wir zur Stromerzeugung verwendeten, von den örtlichen Bauern und Beamten mit Tragestangen und Holzbalken mühsam den Berg
hinaufgetragen. Auch heute noch, mehr als 20 Jahren später, erinnere
ich mich immer noch deutlich an diese Szenen. Die Bauern in Guizhou
waren wirklich sehr aufrichtig und großzügig und hießen jeden herzlich
in ihrem Zuhause willkommen.

Einmal kamen wir vom Berg herunter und gingen in das Haus einer
Familie in Dawodang, um uns auszuruhen. Als wir eintraten und uns
setzten, legte der Gastgeber sofort Holz ins Herdfeuer und bereitete Tee
für uns zu. Auf dem Herd stand ein Topf, der schwarz war und sehr alt
aussah. Darin wurden Wasser, Teeblätter und Eier zusammen gekocht.
Nach etwa 20 Minuten brachte der Gastgeber Tonschalen heraus, eine
Schale mit gekochten Eiern und eine Schale mit Tee, und reichte sie
uns herzlich zum Essen und Trinken. Ich habe immer noch Fotos von
den gekochten Eiern und dem Tee! Der Tee hatte einen dunklen Farb-
ton und war mit Regenwasser aus der Dachrinne gekocht, was wir anfangs nicht wussten. Nachdem wir den Tee getrunken hatten, erklärte
der Gastgeber, dass vor Ort Wassermangel herrscht und sie deshalb auf
Regenwasser zurückgreifen, um Tee zu kochen und Gäste zu bewirten.
Er bat zwar um unser Verständnis, aber damals fühlten wir uns sehr
unwohl deswegen. Wenn wir das vorher gewusst hätten, hätten wir si-

cherlich nicht davon getrunken, denn der Tee war sehr stark und überdeckte den schlechten Geschmack des Wassers. Bedenkt man aber, dass die Einheimischen täglich davon trinken mussten und wie die Lebensbedingungen in den Bergen sonst aussahen, waren sie doch großzügig genug, uns das Beste anzubieten, was sie hatten: Eier als Gastgeschenk und sogar eine Einladung zum Essen. Wenn es darum ging, jemanden zu bewirten, waren sie offenbar zu allem bereit, auch wenn es nur getrocknete Chilis und Salz als Beilage geben würde. Ihre aufrichtigen Gesten haben uns daher dann doch sehr berührt. Mehr aber noch verspürten wir, dass dieser Ort wirklich unerträglich arm war und dass es nun an uns war, ihnen mithilfe von Technologie bei einer Veränderung ihrer beklagenswerten Situation unter die Arme zu greifen.

Heute wissen wir, dass das Himmelsauge in Dawodang und Kedu tatsächlich eine noch nie da gewesene Veränderung bewirkt hat. Schon allein was die bloße Verbesserung der Lebensqualität angeht, kann man meiner Meinung nach ohne Übertreibung behaupten, dass sie in kürzester Zeit so stark gestiegen ist wie sonst in 20 oder 30 Jahren. Das war wirklich eine revolutionäre Veränderung!

Die Technologie verändert dort das Leben, die Umwelt und die Gesellschaft. Schon in unserem Projektvorschlag hatten wir erwähnt, dass die Auswirkungen auf die örtlichen Bauern im Zuge der praktischen Umsetzung und infolge der Inbetriebnahme weit über unsere Vorstellungskraft hinausgehen würden. Aufgrund dieser Veränderungen können wir ehrlich sagen, dass FAST sowohl ein großartiges wissenschaftliches Projekt als auch ein erhabenes Projekt zur Förderung der Volkszufriedenheit ist. Es erzeugt zwar keine direkten wirtschaftlichen Vorteile, aber die von ihm ausgestrahlte Energie und sein subtiler Einfluss auf die lokale Entwicklung sind enorm.

Das Himmelsauge kostet uns etwa 1,2 Milliarden Yuan und bringt möglicherweise einen Nutzen von über 100 Milliarden Yuan. Das Wichtigste aber ist, dass es die Ansichten und das Leben von Tausenden von Menschen verändert hat. Ich denke, da lohnt es sich, auch mehrere Milliarden oder sogar über zehn Milliarden zu investieren! Angesichts praxisorientierter wissenschaftlicher Innovationen erscheint es mir lohnenswert, auch solche Aspekte zu erforschen.

Am 22. September 2020 hielt Generalsekretär Xi Jinping eine leidenschaftliche Rede auf der UN-Generalversammlung. Kurz darauf wurden wir eingeladen, an einer der Veranstaltungen teilzunehmen, um dort das chinesische Radioteleskop FAST vorzustellen und insbesondere seine Auswirkungen auf die sozioökonomische Entwicklung zu erläutern. Wir erhielten die Einladung aber erst drei Tage vor der Konferenz, und so hatte ich in diesen drei Tagen nichts anderes zu tun, als mich auf meinen 15-minütigen Vortrag vorzubereiten. Immerhin hatten sie mich als Vertreter Chinas eingeladen! Dass jemand in solch eine Situation geriet, bei den Vereinten Nationen über Astronomie, Radioteleskope, FAST und Guizhou zu sprechen, war vermutlich das erste Mal. Daher habe ich mein Bestes gegeben! Zufälligerweise hatte ich kurz zuvor auf dem Rückweg von Dawodang nach Peking einige Fotos gemacht, die ich nun in meine Präsentation einfügen konnte. Am Abend des 28. September waren also Vertreter aus fünf Ländern eingeladen, ihre Berichte abzugeben, und China war eines davon. Mein Bericht musste sowohl den Veränderungen in der internationalen Situation gerecht werden als auch chinesische Erfahrungen und Merkmale aufweisen. Ich hielt meine Rede vor den anwesenden Diplomaten und politischen Entscheidungsträgern. Also habe ich mich an diesem Abend einer populärwissenschaftlichen Sprache bedient und einige lebendige Beispiele verwendet. Dank der von mir aufgenommenen Fotos der astronomischen Stadt gelang es meiner Präsentation, die Auswirkungen des chinesischen Radioteleskops auf die lokalen Entwicklungsprozesse und seinen Beitrag zur Verbesserung der sozioökonomischen Situation in Guizhou aufzuzeigen. Sie waren offenbar besonders überzeugend. Viele Leute waren zunächst nur an dem dahinter liegenden Konzept interessiert, aber als ihnen die Realität anhand meiner Bilder vor Augen geführt wurde, begeisterten sie sich umso mehr auch für diese. Nachdem die Teilnehmer meinen Bericht gehört hatten, schrieben sie mir trotz der späten Stunde zahlreiche E-Mails, um sich bei mir zu bedanken und mir mitzuteilen, wie sehr ich sie überzeugt hatte!

Früher wusste die internationale Gemeinschaft sehr wenig über Guizhou. Seit FAST genießt diese Provinz jedoch einen hohen Bekanntheitsgrad. Vorher kannte auch ich den Kreis Pingtang nicht, aber jetzt kennen ihn viele. Das ist definitiv eine Art Effekt! Positive Effekte dieser Art halte ich für weitaus besser als viel Geld für Werbung auszugeben.

Das chinesische Radioteleskop FAST spielt also eine enorme Rolle bei der Armutsbekämpfung. Tatsächlich sind unsere wissenschaftlichen Projekte mit vielen Armutsbekämpfungsmaßnahmen des Landes eng verknüpft. In einem Interview habe ich einmal gesagt, dass wir schon lange im Westen gearbeitet hatten, als man sich die „Entwicklung des Westens" auf die Fahnen schrieb. Auch als es in den Debatten um Armutsbekämpfung durch Technologie ging, hatten wir mit unserem chinesischen Radioteleskop bereits Ergebnisse erzielt. Denn der Sinn technologischer Entwicklung besteht seit jeher eigentlich darin, den Lebensstandard der Menschen zu verbessern.

Der Blick in den Sternenhimmel weckt unsere Neugier, die wissenschaftlichen Erkundungen verbessern unsere Verhältnisse und das Himmelsauge dient uns als wissenschaftliches Werkzeug und zugleich auch als wissenschaftliche Lernumgebung.

Diese wissenschaftliche Lernumgebung wird gewiss noch viele Besucher aus den verschiedensten Lebensbereichen anziehen, einschließlich gewöhnlicher Touristen und Politiker. Wir haben auch schon viele ausländische Gäste empfangen, darunter Nobelpreisträger, Staatschefs, Diplomaten, EU-Delegationen und so weiter. Im Allgemeinen bringen wissenschaftliche Großprojekte viele einzigartige Gelegenheiten mit sich, und auch der Erfolg von FAST in Guizhou ist da keine Ausnahme. Ich persönlich konnte schon mehrere ausländische Staatschefs empfangen – aus Belgien, Japan und anderen Ländern. Mindestens zwei Nobelpreisträger sind auf unsere Einladung hin zu uns gekommen, um Vorträge zu halten.

Darüber hinaus kann man sich nicht nur im Bezirk Qiannan, sondern sogar in ganz Guizhou in der Produktgestaltung auf das Radioteleskop beziehen. So werden aus den diversen regionalen Erzeugnissen, zu denen neben diversen Lebensmitteln und allerlei Kunsthandwerk, darunter etwa die Yazhou-Keramik oder die Luodian-Jade, auch Dinge wie die „drei Säuren aus Dushan" (sansuan) zählen, durch das Hinzufügen einer wissenschaftlichen Konnotation unersetzliche Spezialitäten.

Die Strahlkraft des chinesischen Radioteleskops FAST ist also äußerst signifikant. Als wir damals den Standort auswählten, gab es noch gar kein Hotel in Kedu. Jeden Tag mussten wir den weiten Weg zur Gemeinde Tongzhou fahren, die immerhin über zwei zum Hotel umfunktionierte Bauernhäuser verfügte. Und zehn Jahre später, im Jahr 2015? Nun gibt es in Kedu bereits mehr als 180 verschiedene Hotels, darunter das gerade erst fertiggestellte Xingchen Tianyuan Grand Hotel im Kernbereich der Astronomie-Stadt. Zu seiner Eröffnung wurden über 100 Mitarbeiter eingestellt, von denen jeder einen monatlichen Lohn von mehr als 4000 Yuan erhielt. Das Hotel Zhongguo Tianyan Guesthouse und das Reiseunternehmen San Tian haben zusammen noch mal mindestens 400 Mitarbeiter! Mit seiner Strahlkraft treibt das chinesische Radioteleskop die Armutsbekämpfung voran und fördert zugleich sowohl die Entwicklung der lokalen Wirtschaft der Astronomie-Stadt als auch den Aufbau einer astronomischen Infrastruktur.

Von 2008 bis 2009 haben die Nationalen Astronomischen Observatorien gemeinsam mit der Entwicklungs- und Reformkommission der Provinz Guizhou einen Plan entwickelt, um die Stadt Guiyang mit Duyun und Pingtang zu verbinden und so die vom Himmelsauge angestoßenen Entwicklungsprozesse weiter zu stärken. Ende September 2012 begann mein zweijähriger Dienst als stellvertretender Bezirksbürgermeister von Qiannan. Anfang 2013 gewann Guizhou die Austragungsrechte für die 13. Jahresversammlung der China Association for Science and Technology. Daraufhin übertrug die Provinz jedem Bezirk die Verantwortung für ein Forum, wobei Qiannan für das medizinische Forum zuständig sein sollte. Bei der Planungskonferenz aber schlugen der Bezirksbürgermeister von Qiannan und der stellvertretende Direktor der Entwicklungs- und Reformkommission der Provinzführung vor, stattdessen ein großes Radioteleskop-Forum auszurichten. Die Provinzführung stimmte sofort zu, sodass die Anzahl der Foren, die anlässlich des 13. Jahrestreffens der China Association for Science and Technology vorgesehen waren, von anfänglich neun auf zehn erweitert wurde.

Wie aber wurde das Forum für Radioastronomie organisiert? Der Bezirksbürgermeister rief mich an, als er auf dem Rückweg von der Provinzregierung nach Duyun war: „Wir werden das Radioastronomie-Forum auf der Jahrestagung der China Association for Science and Technology veranstalten. Überlegen Sie sich einen Namen." Nan Rendong und ich hatten schon immer von den Hoffnungen der örtlichen Regierung gewusst, FAST könne die regionale Entwicklung vorantreiben. Daher antwortete ich auf der Stelle: „FAST und regionale Entwicklung." Sobald ich der Provinz diesen Namen meldete, wurde er festgelegt.

Wir begannen im Mai mit den Vorbereitungen und arbeiteten intensiv daran, in Kontakt mit Astronomen aus dem In- und Ausland zu treten. Es dauerte mehrere Monate, alles vorzubereiten, aber schließlich gelang es uns, ein internationales Forum zu organisieren, zu dem Astronomen aus dem In- und Ausland eingeladen waren. Diese Veranstaltung fand an der Qiannan Normal University for Nationalities statt. Erstens trug unser Forum dazu bei, dass zwei bis drei Jahre später an eben dieser Hochschule eine astronomische Fakultät gegründet wurde, was einen bedeutenden Anstoß für ihre weitere Entwicklung darstellte. Zweitens ermöglichte es uns eine wissenschaftliche Verfeinerung und Optimierung des Entwicklungsplans für die Umgebung von FAST, womit der Grundstein für die Entstehung einer astronomischen Stadt gelegt war. Drittens wurde auf diesem Forum erstmals das Konzept einer astronomischen Wirtschaft vorgestellt. Das Himmelsauge hat zwar keine direkten wirtschaftlichen Vorteile gebracht, aber dafür eine große Rolle bei der Förderung der sozialen, wirtschaftlichen und kulturellen Entwicklung von Guizhou, Qiannan und Pingtang gespielt. Ich denke, dieses Konzept ist eine perfekte Kombination aus Astronomie, Wirtschaft und Kultur. Es ist eine Konkretisierung des Marxismus in China und eine Konkretisierung des Sozialismus chinesischer Prägung in Qiannan!

Im zweiten Halbjahr 2013 statteten mir der Leiter des Propagandabüros des Provinzkomitees Guizhou und der Leiter des Provinzbüros für Kulturindustrie einen Besuch ab. Die zwei schlugen vor, dass ich als stellvertretender Bezirksbürgermeister den Qiannan Kulturindustriepark aufbauen solle. Tatsächlich hatte auch der frühere Bezirksbürgermeister von Qiannan vor Kurzem diesen Vorschlag gemacht. Daraufhin habe dann die Führung übernommen und das Astronomie-Dorf als eines der zehn wichtigsten Kulturindustrieprojekte der Provinz Guizhou in Angriff genommen, wobei ich den Schwerpunkt auf einen populärwissenschaftlichen Kulturtourismus legte, der sich um das große Radioteleskop dreht und nahtlos mit dem Kulturindustriepark der Provinz Guizhou verbunden war.

Meine Idee war es, im Rahmen einer umfassenden Planungsaktion die Weisheit des ganzen Volkes zu unserer Unterstützung heranzuziehen. Also luden wir die Nationalen Observatorien, die Universität Guizhou und auch Experten aus dem Bereich Kultur- und Tourismusforschung ein, bildeten eine Expertengruppe und stellten ein Designteam auf die Beine. Das Provinzbüro für Kulturindustrie leitete mehrere Meetings im Guanzhou Hotel, an denen Führungskräfte aus Provinzen, Bezirken und Kreisen teilnahmen, um kontinuierlich Meinungen aus den unterschiedlichsten Bereichen einzuholen und den Bauplan für das Astronomie-Dorf zu verbessern. Die Bezirksbürgermeisterin und ich unterhielten uns dabei besonders oft über den Bau des Astronomie-Dorfs. Sie sagte: „Peng, du kannst mir bestimmt mit einem guten Namen aushelfen. Schließlich warst du es doch, der dem großen Radioteleskop den Namen FAST gegeben hat, nicht wahr? Bitte gib auch dem Kulturpark einen guten Namen!"

Tatsächlich war es aber eine große Herausforderung für mich, einen Parknamen zu finden, welcher der Dimension des Teleskops gerecht werden würde. Ich sagte daher zur Bezirksbürgermeisterin: „FAST ist bereits das größte Radioteleskop der Welt, wie soll man sich dazu denn einen passenden Kulturpark ausdenken?"

Wir standen eine Weile in ständigem Austausch über dieses Thema, als mir plötzlich der entscheidende Geistesblitz kam: Warum nicht Astronomie-Dorf! Denn Groß und Klein passen gut zusammen. Wenn ich versuche, das FAST zu übertreffen, werde ich das nicht schaffen, also nennen wir es doch einfach Dorf! Ein Dorf kann schließlich groß oder klein sein. Die in Hanglong gebaute Gemeinde kann Astronomie-Dorf genannt werden, aber auch das gesamte Qiannan kann als astronomisches Dorf bezeichnet werden. Als ich ihr das erzählte, wurde sie immer glücklicher und sagte immer wieder: „Super!" So kam die Bezeichnung des astronomischen Dorfes zustande.

Nach Baubeginn des Astronomie-Dorfs wurden die konkreten Arbeiten auf die Bezirke übertragen. Der stellvertretende Bezirksbürgermeister der Provinzregierung fungierte dabei als Kommandant und der Generalsekretär der Provinzregierung als stellvertretender Kommandant.

Am 25. September 2016 fand wie geplant die Einweihungszeremonie für FAST statt. Zahlreiche bedeutende Gäste aus In- und Ausland waren anwesend, darunter Liu Yandong (Mitglied des Politbüros des Zentralkomitees und stellvertretende Premierministerin des Staatsrates) und Bai Chunli (Präsident der Chinesischen Akademie der Wissenschaften) sowie führende Vertreter des Provinzkomitees und der Provinzregierung. Nach der Einweihungszeremonie fand im Xingchen Tianyuan Grand Hotel das erste RAF (Radioastronomie-Forum) statt. Seitdem findet es einmal im Jahr statt und wird von Nobelpreisträgern und anderen international renommierten Wissenschaftlern und Vertretern besucht. Es ist mittlerweile zu einer wahren internationalen Marke geworden, womit wir erfolgreich an unsere ursprüngliche Vision des Astronomie-Dorfs als einer Plattform für internationale Zusammenarbeit und Austausch anknüpfen konnten.

Bei dem RAF handelt es sich also um ein jährliches internationales Forum für Radioastronomie. Dieser Name wurde übrigens auch von mir gewählt. Es hat nicht nur den internationalen Bekanntheitsgrad von Pingtang gesteigert, sondern auch Qiannan, Guizhou und die dortige Kultur in der ganzen Welt bekannter gemacht. Und das astronomische Dorf, welches durch das Radioteleskop entstanden ist, hat sich dank des Forums in eine internationale Plattform des Austauschs verwandelt und wurde so zu einem beliebten Reiseziel für chinesische und ausländische Touristen in Guizhou. Somit konnte es maßgeblich zur Förderung von Gesellschaft, Wirtschaft und Kultur in der Region beitragen.

3.2 Duan Baoyan: Im kleinen Fachgebiet nach großem Wissen suchen

„In Bezug auf Arbeitsumgebung und persönliches Arbeitsentgelt kann meine Alma Mater es wirklich nicht mit der Universität von Liverpool in Großbritannien aufnehmen. Aber meine Wurzeln liegen nun mal in China. Meine Familie ist in China, also ist auch meine Karriere in China. Während meiner Zeit im Ausland wurde ich dort zum Professor ernannt, was zeigt, dass man mich dort sehr schätzt und dass mein Land dringend auf mich angewiesen ist. Ich darf das Vertrauen, das mein Land und meine Verwandten mir entgegenbringen, also nicht enttäuschen!" Dies sind die Worte, die Duan Baoyan im Oktober 1994 nach erfolgreichem Abschluss seiner Postdoc-Forschung an der Universität Liverpool zu seinem langjährigen Mentor Professor Andrew B. Templeman sagte. Professor Templeman starrte ihn an, sprach jedoch kein Wort. Er wusste, dass dieser Student, der seine Emotionen so stark beeinflusst hatte, bereits entschieden hatte zu gehen. Duan Baoyan senkte ebenfalls den Kopf. Er wusste, dass hinter diesen Worten ein langer Weg mit vielen Herausforderungen auf ihn wartete und dass er diese alleine würde bewältigen müssen.

Der Betreuer von Duan Baoyan war ein bekannter britischer Experte für Strukturoptimierung. In den letzten drei Jahren, also über einen Zeitraum von 1000 Tagen hinweg, hatte Professor Templeman in Bezug auf diesen chinesischen Studenten eine Achterbahnfahrt der Erkenntnis durchlaufen, die ihn abwechselnd von Tal zu Gipfel und von Gipfel zu Tal geführt hatte. Auch Duan Baoyan hatte inzwischen eine veränderte Sicht auf seinen Mentor. Aus der respektvollen Distanz war eine immer vertrautere und engere Beziehung geworden. Sie waren zwar immer noch Lehrer und Schüler, mittlerweile aber gleichzeitig auch gute Freunde. Sie waren nicht miteinander verwandt, aber fühlten sich doch wie Verwandte. Er war sich daher sehr bewusst, dass er durch die Nähe zu seinem Mentor Schutz und Ehre erhalten könnte.

Was sind schon „groß" und „klein"? Eigentlich ist es überhaupt nicht notwendig, darüber zu urteilen oder nachzudenken.

Bei der Unterscheidung zwischen „groß" und „klein" hatte Duan Baoyan bereits gelernt, das Kleine bis zum Äußersten zu vergrößern. Damit ist nicht etwa gemeint, dass er bloß in der Lage gewesen wäre, das Kleine im Großen zu sehen. Nein, er hatte wirklich die Fähigkeit, das Kleine zum Größten, zum Äußersten zu machen. Bei der Moral verhielt es sich so, bei seiner Gedankenwelt verhielt es sich so, bei seinem Streben verhielt es sich so. Auf diese Weise war es nur völlig natürlich, dass die Frage seines persönlichen Verbleibs nicht länger mehr nur eine Frage von Emotion und Arbeitsentgelt sein würde.

Ich erinnerte mich plötzlich an einen Beitrag, den ich vor einiger Zeit in einem bestimmten Forum gelesen hatte: „Schau dir den Universitätspräsidenten an!" Von April 2002 bis Juli 2012 war Duan Baoyan Präsident der Technischen Hochschule für Elektronik und Elektrotechnik Xi'an. „Er hat dieses Projekt gemacht, bei dem sechs große Säulen ein Ei getragen haben. Dann wurde er zum Akademiemitglied ernannt."

Wenn derjenige, der den Beitrag verfasst hat, wüsste, dass das Vergrößern von „sechs großen Säulen, die ein Ei tragen" um das Zehnfache das weltgrößte Einzelapertur-Radioteleskop ergeben, das heute in Dawodang steht, so würde er über das kleine Gewicht sicher erstaunt sein. Und wenn er wüsste, dass Duan Baoyan im Dezember 2011 als einziger Maschinenbau-Akademiker zum Mitglied der Chinesischen Akademie für Ingenieurwissenschaften gewählt wurde, dann würde er wissen, wie groß und tiefgründig das Wissen in diesen Kleinigkeiten ist!

Von China nach Großbritannien, dann nach Japan und schließlich in die USA reiste Duan Baoyan, um zu studieren. Das Buch, das er dabei immer wieder gelesen hat, heißt „Elektronische Mechanik". Es ist ein unscheinbares und unbekanntes Fach, das aus vielen verschiedenen Disziplinen hervorgegangen ist. Es beschäftigt sich hauptsächlich mit der Problematik der elektromechanischen Kopplung in elektronischer Ausrüstung. Es findet breite Anwendung in bekannten Projekten wie den Mondmissionen, der Raumschiffserie Shenzhou, unseren Kriegsschiffen sowie in Weltraumsonden, die das Erdgravitationsfeld verlassen und das All erkunden.

Zurückgekehrt nach China, geriet Duan Baoyan genau in die hitzige Kontroverse über das Projekt eines Radioteleskops der nächsten Generation, das die astronomische Gemeinschaft im Rahmen des 24. Internationalen Funkwissenschaftlichen Kongresses vorgeschlagen hatte. Als einer der Initiatoren äußerten die Pekinger Observatorien als Erstes ihre aktive Unterstützung für den Bau.

Nachdem er sich auf dieses Jahrhundertprojekt konzentriert und relevante Informationen aus verschiedenen Ländern zusammengetragen hatte, führte Duan sein Team auf den Gipfel der astronomischen Technologie. Und dann begann ihre Reise.

Der ursprüngliche Plan eines LT beziehungsweise SKA bezog sich vornehmlich auf drei verschiedene technologische Hauptrichtungen:

1. Ein Phased-Array aus einer Gruppe von Antennen
2. Ein dichtes Array aus einer Vielzahl von Teleskopen mit kleinem Durchmesser
3. Ein Array aus einer geringen Anzahl von Teleskopen mit großem Durchmesser.

Die chinesischen Wissenschaftler neigten dabei eher zur dritten Form. Im Jahr 1997 stellte daher das LT China Promotion Committee ihr Pilotmodul für technische Konzepte vor. Dahinter stand die vorläufige Vorstellung, das größte sphärische Einzelapertur-Radioteleskop der Welt zu bauen. Nach einigen Überlegungen wurde schließlich ein Reflektor mit einem Durchmesser von 500 Metern festgelegt. Für ein derart riesiges sphärisches Einzelapertur-Radioteleskop gab es seinerzeit hauptsächlich zwei Modelle, die als Referenz hätten dienen können: Eines davon ist vollständig beweglich, repräsentiert durch das Radioteleskop Effelsberg in Deutschland und das Green-Bank-Teleskop in den USA. Das andere ist ein Kugelreflektor-Radioteleskop, bei dem die Hauptreflektorfläche fixiert ist und die Informationen durch Bewegung der Futterquelle erfasst werden, repräsentiert durch das Arecibo-Teleskop in den USA. Es gibt auch ein ringförmiges Radioteleskop RATAN 600, das von der Sowjetunion gebaut wurde und immer noch im nördlichen Kaukasus in Russland steht. Es hat zwar einen Durchmesser von 576 Metern, folgt ansonsten aber nicht dem Hauptstrom der Radioteleskopie.

Nur 100 Meter im Durchmesser wiegt das Green-Bank-Teleskop bereits 7.700 Tonnen. Wenn man seinen Durchmesser weiter erhöhen wollte, würde es aufgrund der Schwerkraft schnell die Grenzen des technisch Möglichen überschreiten. Und das Tragegestell, an dem die Antenne des Arecibo-Teleskops aufgehängt ist, wiegt bereits 1000 Tonnen. Wollte man den Durchmesser auf 500 Meter erhöhen, müsste das Gewicht dieses Gestells theoretisch über 1700 Tonnen betragen. Die Umsetzung eines solchen Projekts wäre äußerst schwierig und die Kosten wären kaum akzeptabel. Gleichzeitig arbeitet das Arecibo-Teleskop mit einem rein mechanischen Tracking-Kontrollsystem, was zu einer deutlich geringeren Genauigkeit führt und es schwer macht, bedeutende Fortschritte in der astronomischen Beobachtung zu erzielen.

Daher war es notwendig, innovative Lösungen zu finden, um ein Sphärisches Radioteleskop von 500 Metern Durchmesser inmitten einer Karstlandschaft zu errichten. Zu diesem Zeitpunkt konnte Duan Baoyan endlich von den fortschrittlichen Forschungen profitieren, die er während seines Studienaufenthalts im Ausland kennengelernt hatte, wie die Anwendung des „Anwendung des Prinzips der extremen Entropie auf die optimale Gestaltung der Topologie von Ingenieurstrukturen" und das „ Optimiertes Entwurfsprogramm SDP-frame für große Strukturen". Früher waren sie eine Herausforderung für seine ausländischen Kollegen, aber jetzt sind sie „Werkzeuge", mit denen er sein volles Potenzial ausschöpfen kann.

Mit diesen „Werkzeugen" muss Duan Baoyan zuerst die Hindernisse auf dem Weg zur Entwicklung des großen sphärischen Radioteleskops beseitigen und den Himmel auf seinem Weg zum Glänzen bringen: indem er so weit wie möglich Software anstelle von Hardware einsetzt; indem er traditionelle Mechanismen mit elektrischen Antrieben ausrüstet und bestimmte mechanische Funktionen ersetzt; indem er die herkömmliche Trennung von mechanischer und elektrischer Forschung durch eine ganzheitliche mechatronische Forschungsmethode ersetzt.

Mit Zuversicht eröffnet sich ein weiter Horizont.

Vom 2. bis 6. Oktober 1995 fand die dritte internationale Konferenz der LT in Huaxi, Guiyang statt. Das Ziel war es, innovative Entwurfslösungen zu finden und den Bau einer neuen Generation von großen Radioteleskopen voranzutreiben. Als Duan Baoyan das Rednerpult betrat, schockierte sein Bericht mit dem Titel „Innovativer Entwurf zur Integration von optischen, mechanischen und elektronischen Komponenten für die Unterstützung der Antennenquelle des Großradioteleskops" sofort die anwesenden Experten und wurde als „revolutionären innovativen Entwurf" bejubelt.

Der Kern des Plans lautet wie folgt: Die ursprüngliche Entwurfslösung für das Aricebo-Teleskop, die eine stählerne Struktur zur Unterstützung eines Gewichts von 1000 Tonnen für die Futterquelle vorsah, wird durch ein computergesteuertes Servosystem ersetzt, das sich aus sechs großen Spannseilen erstreckt, die von sechs Turmspitzen ausgehen. Gleichzeitig werden drei Laserentfernungsmesser angeordnet, um die tatsächliche Position der Futterquelle in Echtzeit zu erfassen. Durch die automatische Anpassung der Länge der sechs Spannseile wird die Feed Cabin innerhalb des zulässigen Fehlerbereichs „platziert" - starre Unterstützung wird durch flexible Seilzüge ersetzt. Diese noch nie da gewesene innovative Gestaltung hat während seiner leidenschaftlichen Erklärungen die technische Umsetzung und die hohen Kosten, die bisher in der Geschichte der Astronomietechnologie abschreckend waren, in Rauch aufgelöst!

Die Bewertungen strömten herein:

Das Konzept könnte das Eigengewicht des Trägersystems auf etwa 30 Tonnen reduzieren, was die Umsetzung des Projekts und die Kosten akzeptabler macht und die strukturellen Stabilitätsprobleme des Arecibo-Teleskopkonzepts überwindet.

Diese Art von Hängesystem für Radioteleskop-Feed Cabin gehört theoretisch zum Bereich der parallelen Strukturwissenschaften, zu dieser Zeit gab es jedoch international noch keine systematische Theorie und Methodik in diesem Bereich ... Die erstmalige Einführung des Konzepts paralleler Makro-/Mikroroboter legte theoretisch ein inverses kinematisches Modell fest. So wurde eine tiefe Verbindung zwischen Duan Baoyan und FAST geschaffen. Anschließend wurde er zum Leiter der Vorentwicklungskommission für LT China ernannt und führte das Team der Universität für Elektrotechnik und Elektronik Xi'an an, um den Durchbruch bei Schlüsseltechnologien zu erreichen.

Im August 1996 brachte Duan Baoyan erneut seinen „Entwurf für die integrierte Optik, Mechanik und Elektronik der neuen Generation von Großradioteleskop-Futterquellen" zur 25. Internationalen Konferenz der Internationalen Union für Funkwissenschaften nach Lille, Frankreich. Nachdem der Bericht gerade vorgelesen worden war, stand Dr. Brown, der Vorsitzende des Internationalen LT-Komitees, aufgeregt auf und sagte: „Wir können das Arecibo-Teleskop in den USA vergessen!"

„In unserem innovativen Design haben wir erstmals die Anwendung einer dynamischen Aufhängung für die strukturelle Unterstützung der Teleskop-Futterquelle verwendet, um hauptsächlich technische Umsetzungs- und Kostenprobleme zu lösen. Aber wie man die Schlüsseltechnologie durchbricht und damit die Gesamtleistung erreicht, die dieses Radioteleskop erfordert, stellt eine große Herausforderung dar", sagte Duan Baoyan. „Das neue Konzept überwindet die Schwächen des Arecibo-Teleskop-Konzepts, stellt jedoch gleichzeitig höhere Anforderungen an die Ingenieurskontrolle."

In gewisser Hinsicht bedeutet „Überwindung von Schwächen" im Bereich der Spitzenforschung und -technologie, dass man die Konventionen durchbricht und Wunder schafft. Zweifellos ist es eine astronomische Kluft, Tausende Tonnen an Futterquellen auf etwa 30 Tonnen zu reduzieren, was viele Menschen nicht einmal zu denken wagen würden. Was bedeutet „höhere Anforderungen"?

Für FAST bedeutet dies einen Reflektor mit einem Krümmungsradius von 300 Metern, einem Öffnungswinkel von 120 Grad, einem Durchmesser von 520 Metern, einem maximalen Zenitwinkel von 60 Grad

Ich (Meng Zemin) hörte in Xi'an die inspirierende Geschichte des Akademiemitglieds Duan Baoyan (links) über das FAST-Projekt.

für die Himmelsabdeckung, einer theoretischen Drehgeschwindigkeit von 1 cm/s und einer maximalen Arbeitsfrequenz von 8,8 Hertz. „Um diese technischen Spezifikationen in einen verständlichen Satz zu vereinfachen, bedeutet es, sicherzustellen, dass die Futterquellen in den sechs durch Seile gesteuerten Feed Cabin eine dynamische Positionierungsgenauigkeit von nicht mehr als vier Millimetern erreichen." Präzision im Millimeterbereich ist für Duan Baoyan keine Selbstgeißelung oder ein Weg ohne Rückkehr, sondern eine unverhandelbare technische Anforderung von FAST - insbesondere für das Futterquellensystem. Wenn diese „technische Hürde" nicht überwunden wird, ist FAST bestenfalls ein Haufen Schrott.

Dies ist wie eine Person: Wenn sie ihre Augen nicht bewegt, zeigt sie keine Lebenszeichen. Und die Antenne in der Feed Cabin ist das Auge von FAST. Wenn es nicht „rollend" drehen kann und empfindlich genug ist, um das reflektierte Signal zu finden, ist es nicht anders als „verstorben".

Mit anderen Worten, die große reflektierende Oberfläche ist wie ein großer Topf, der mit verschiedenen Speisen gefüllt ist, und die Antenne in der Feed Cabin ist das Hauptwerkzeug von FAST zum „Auswählen" von Nahrung. Wenn es seine Funktion verliert, entsprechende Nährstoffe anhand der Bedürfnisse des FAST auszuwählen, gibt es keine Möglichkeit für FAST weiterzuleben.

In einem Satz, wenn man sagt, dass ein Radioteleskop mithilfe verschiedener komplexer Systeme Informationen über das Universum detektiert, dann ist die Feed Cabin mit der Futterquelle die einzige Verbindung, über die Radiosignale an Astronomen übertragen werden, und diese Verbindung ist sehr schmal und dünn, der Übergang ist nur ein „kleiner Punkt". Natürlich ist er unsichtbar und entsteht während der Beobachtung des FAST-Teleskops im Bereich der Kugelreflektorfläche durch den Fokus von parabolisch reflektierten Radiowellen. Die Wissenschaftler können jedoch seine räumlichen Koordinaten berechnen. Um den von Duan Baoyan und seinem Team vorgeschlagenen „Entwurf für die integrierte Optik, Mechanik und Elektronik der neuen Generation von Großradioteleskop-Futterquellen" wirklich anzuwenden und seinen innovativen Wert zu realisieren, muss das Problem gelöst werden, dass die Futterquelle in einer Höhe von etwa 150 Metern präzise und schnell mit diesem unsichtbaren Fokus „küsst", ohne Hindernisse zu haben.

Offensichtlich ist es aufgrund der nicht linearen, großen Hysterese, großen Trägheit und geringen Steifigkeit der Aufhängungsstruktur, die aus Aufhängungskabeln und einer Feed Cabin besteht, und aufgrund von Störungen durch externe Einflüsse wie Windlasten während des Betriebs schwierig, die Feed Cabin allein mit Hilfe der Aufhängungskabel auf eine Millimetergenauigkeit zu positionieren.

Mit klaren Zielen können gezielte Durchbrüche oft direkt erreicht werden. Daher schlug das Team um Duan Baoyan ein zweistufiges Regelsystem vor, um eine hochpräzise dynamische Positionierung und Ausrichtung der Feed Cabin zu erreichen. Zunächst wird eine Grobjustierung der Feed Cabin durch die sechs Aufhängungskabel durchgeführt, gefolgt von einer Feinjustierung durch die in der Feed Cabin installierte Stewart-Plattform. Fachsprachlich ausgedrückt handelt es sich bei der von sechs Aufhängungskabeln angetriebenen Feed Cabin um eine flexible Parallelstruktur und bei der Stewart-Plattform um eine starre Parallelstruktur. Diese beiden Parallelstrukturen bilden ein paralleles Makro-/Mikrorobotersystem: Das Makrorobotersystem mit sechs Aufhängungskabeln ermöglicht eine weitreichende Verfolgung der Futterquelle und gewährleistet einen Fehler der Feed Cabin von weniger als oder gleich 50 Millimetern. Das Mikrorobotersystem mit sechs Freiheitsgraden der Stewart-Plattform ermöglicht eine präzise Positionierung des Empfängers der Futterquelle und hält die Position des Empfängers innerhalb von zehn Millimetern.

Okay, verstanden: Die Vision von Duan Baoyan und seinem Team besteht nicht nur darin, die Feed Cabin zum Drehen zu bringen, sondern auch darin, die elektromagnetischen Wellen, die elegant über der Reflexionsfläche schweben, genau und liebevoll zu „küssen".

Hoch in der Luft küssen sie sich leidenschaftlich und der andere trägt auch noch einen „unsichtbaren Tarnmantel" - selbst für ein Paar im echten Leben wäre es wahrscheinlich schwierig, diese Reihe von anspruchsvollen Bewegungen in kurzer Zeit schnell und präzise auszuführen, geschweige denn von einer kalten Maschine gesteuert zu werden! Dabei sind nicht nur viele Faktoren beteiligt und müssen koordiniert werden, sondern es darf auch keine Abweichung auftreten, wie die Kopplung und komplexe Steuerung der groben und feinen Einstellung der Dynamik, präzise dynamische Lasererkennung, Modellierung und Lösung des Systems mit großer Spannweite, Flexibilität und verzögerten Seilstrukturen, nicht lineare Faktoren wie Windinduzierte Schwingungen, Zahnlücken und Reibung sowie der Einfluss der Kabinenseilstruktur auf Verstärkung und Nebenkeulebene. Man kann sagen, dass alles miteinander verbunden ist.

Ja, auch die perfekteste Theorie muss durch praktische Überprüfung bestätigt werden. Erst wenn etwas machbar ist, kann es als echter Erfolg betrachtet werden. Alles steht erst am Anfang. Angesichts des Applauses und der Blumen wollte Duan Baoyan nicht übermütig werden und betrat ruhig das Labor. Als ein interdisziplinäres Projekt, das Bereiche wie Mechanik, Elektronik, Kontrolle und dynamische Überwachung umfasst, reicht es nicht aus, nur theoretische Ableitungen zu haben. Selbst eine detaillierte Berechnungssimulation ist bei Weitem nicht ausreichend. Es ist notwendig, das Modell zu validieren und die Leistung des tatsächlichen Geräts vorherzusagen.

Der Bau eines maßstabsgetreuen Modells erfordert die gleiche Präzision wie der Bau eines physischen Geräts. Duan Baoyan und sein Team haben insgesamt drei Modelle gebaut.

Im Jahr 2000 haben sie im Labor ein 1:100-Modell mit einer Innenlänge von fünf Metern aufgebaut, um die grundlegenden Theorien und Technologien des Steuerungssystems zu überprüfen. Die sechs Stützstangen des Modells waren gleichmäßig auf einem fünf Meter Durchmesser-Kreis verteilt, und eine Kugelhaube mit einem Durchmesser von 40 Zentimetern und einem Gewicht von sechs Kilogramm wurde verwendet, um das Versorgungsmodul zu simulieren. Die Ergebnisse zeigten, dass das Designkonzept der parallelen Aufhängung zur räumlichen dynamischen Positionierung des Objekts praktikabel ist. Die Aufhängungen können koordiniert arbeiten, das Systemsteuerungskonzept ist vernünftig und der tatsächliche Standort des Versorgungsmoduls weicht nur um etwa einen Zentimeter vom theoretischen Standort ab.

Die Abweichung bei der dynamischen Verfolgung der Feed Cabin lag ebenfalls im Zentimeterbereich.

Im Jahr 2002 haben sie dann ein 1:10-Modell im Dorf Shajing am südlichen Stadtrand von Xi'an gebaut. Die Höhe der sechs Stütztürme im Modell betrug 15 Meter und sie waren gleichmäßig auf einem 50 Meter Durchmesser Kreis verteilt. Das Versorgungsmodul hatte einen halbkugelförmigen Durchmesser von 2,5 Metern. Um Vibrationen zu unterdrücken, wurden Anpassungen am Systemplan der sechs Aufhängungen vorgenommen und zwei zusätzliche nach unten ziehende Aufhängungen hinzugefügt. Die Experimente zeigten, dass das System unabhängig von den Annahmen zur Bewegungssituation die gewünschte theoretische Bahn gut verfolgen kann. Die Verfolgungsabweichung der Feed Cabin lag innerhalb von 40 Millimetern und die Verfolgungsabweichung der Position des beweglichen Plattformzentrums lag immer innerhalb von zehn Millimetern. Die Fehlerreduktionsfunktion der Stewart-Feinabstimmungsplattform ist deutlich erkennbar. Dennoch besteht immer noch eine beträchtliche Distanz zu den Anforderungen an die Verfolgungsgenauigkeit von vier Millimetern für das Quellenverfolgungssystem.

Im Jahr 2008 wurde ein maßstabsgetreues Experimentmodell im Verhältnis 1:10 auf dem Südcampus der Universität für Elektrotechnik und Elektronik Xi'an errichtet. In diesem Modell wurden der Turm, die Seile, die Feed Cabin und die Stewart-Feinabstimmungsplattform vollständig eigenständig entworfen. Die Experimentergebnisse zeigen, dass die Feinabstimmungsplattform durch grobe und feine Anpassungen des Stützsystems eine Positionsgenauigkeit von drei Millimetern und eine Ausrichtungsgenauigkeit von 0,06 Winkelsekunden erreichen kann.

„Kleines" Modell, „großes" Ziel. Obwohl die wiederholten Experimente langweilig sind, hält Duan Baoyan darauf, dass dieser Prozess unverzichtbar ist. „Unser maßstabsgetreues Modell hat die unabhängige Steuerungsstrategie, die grobe und feine Regelungsalgorithmen, die Trajektorienplanungsstrategie und die Trajektorienverfolgungssteuerung validiert und gezeigt, dass sie in der Praxis wirksam und machbar sind. Sowohl das 20-Meter- und 50-Meter-Modell des Vier-Turm-Projekts der Tsinghua-Universität als auch das 40-Meter-Modell des Sechs-

Der 50-Meter-Modellversuchsbereich von FAST im Südcampus der Universität für Elektrotechnik und Elektronik Xi'an.

Turm-Projekts haben eine gewisse Bedeutung für den Ingenieurbau." Bescheiden sagt Duan Baoyan: „FAST ist das Ergebnis des kollektiven Wissens chinesischer Astronomen, Wissenschaftler und Bauunternehmen. Diese Modelle in verschiedenen Maßstäben haben technische Hindernisse für den Bau von FAST beseitigt und wertvolle Erfahrungen für den tatsächlichen Bau eines 500-Meter-Radioteleskops gesammelt."

Ja, selbst große Projekte werden von Menschen umgesetzt. Selbst wenn man mit den geringfügigsten Zweifeln konfrontiert wird, muss man sie mit einer sorgfältigen Haltung betrachten. Das ist wahres wissenschaftliches Arbeiten und vor allem ein Zeichen für berufliche Integrität!

Heimat, Land und Welt, es gibt nur ein Zuhause mit einem Land.

Duan Baoyan wurde 1955 im Landkreis Ji von der Provinz Hebei geboren. Nach seinem Abschluss an der Oberschule im Jahr 1973 nahm er an der großen Bewegung „hinauf in die Berge, hinunter in die Dörfer" (shangshan xiaxiang) teil und wurde wie viele andere junge Menschen ein Mitglied der großen Armee zur Bewirtschaftung des Haihe-Flusses. Er führte Vermessungsarbeiten durch und beteiligte sich an Ausgrabungen. In dieser enthusiastischen Zeit wurde das einzige lesenswerte Lehrbuch der Oberschule zu seinem geistigen „Strohhalm". Die Lehrer seiner ehemaligen Schule sahen, wie ihre talentierten Schüler auf den Baustellen war, und holten ihn als Privatlehrer zurück.

Im Jahr 1977 verbreitete sich die Nachricht von der Wiederaufnahme der Hochschulaufnahmeprüfung über das ganze Land. Die Ankündigung kam sehr plötzlich, es waren weniger als drei Monate bis zur Prüfung. Duan Baoyan sagt, dass es keine Zeit zum Lernen gab und alle auf ihre alten Kenntnisse zurückgriffen. Er hatte Glück, dass er all die Jahre über nicht von Büchern getrennt war und schaffte es schließlich erfolgreich, an das Nordwestliche Institut für Telekommunikationstechnik (heute Universität für Elektrotechnik und Elektronik Xi'an) aufgenommen zu werden.

Nach seinem Bachelor-Abschluss im Jahr 1981 blieb er an der Universität, um weiter zu studieren. Nach seinem Masterabschluss im Jahr 1984 blieb er an der Universität und setzte sein Promotionsstudium fort. Im Jahr 1991 wurde er zur Promotion an die Universität Liverpool in Großbritannien entsandt ... Duan sagte, auf seinem ganzen Studienweg sei er wie ein ausgetrockneter Schwamm, der ins Meer des Wissens geworfen wurde. Diese Art von Durst und Sehnsucht ähnelte einem hungrigen Baby, das früh am Morgen entwöhnt wurde und seine Mutter erst am Abend wiedersehen konnte ...

Nach Abschluss seiner Postdoktorand-Arbeit an der Universität Liverpool fühlte er sich satt. Es war immer noch ein Schwamm, aber zu dieser Zeit würde das darin gespeicherte Wasser selbst bei leichtem Berühren ungeduldig herausfließen und etwas befeuchten wollen - das Land, das mit seinem Wissen bewirtschaftet werden musste! Also, sobald er mit FAST in Berührung kam, trat er Tag für Tag in die Fußstapfen des „Labors-Familie" und machte es zu einer festen Routine ...

Seine Frau, die auch eine Kommilitonin von Duan aus dem Jahr 1977 ist, musste ihre Karriere opfern, um sich um die Familie zu kümmern, und den Herzschmerz und das Leid ertragen, dass die Familie jahrelang nicht zusammen sein konnte. Es gab keine andere Möglichkeit. Die Schuld nagte an ihm, aber er konnte den gleichen Eifer, mit dem er sich in seiner Arbeit engagiert hat, nicht aufbringen, um es wieder gutzumachen. Wenn jemand danach fragte, antwortete er nur zurückhaltend: „Ich verhalte mich gut zu Hause!" Deshalb gibt er sich selbst eine Bewertung von 90 Punkten für seine Leistung im Familienleben. „Immerhin habe ich zu Hause die Strenge, Genauigkeit und Entschlossenheit meiner Arbeit abgelegt."

Was die fehlenden zehn Punkte betrifft, sind sie natürlich in die Karriere investiert worden und es ist offensichtlich, dass diese „Investition" schwer zurückzugewinnen ist. In seinen eigenen Worten sagte er: „Der Titel eines Akademiemitgliedes bedeutet nicht, dass man erfolgreich ist. In meinem Alter kann ich immer noch arbeiten und unser Team ist ausgezeichnet. Da ich mich auf eine höhere Plattform begeben habe, muss ich auch die jungen Leute gut führen." FAST hat natürlich auch von diesen zehn Punkten profitiert.

110 Punkte sind die Bewertung des Teams für seine wissenschaftliche Forschung. „Überbewertet!" Duan Baoyan kam mit einer seltenen Geste - er faltete seine Hände zusammen und sagte, während er sich vor den Menschen verbeugte: „Wenn man genau nachzählt, habe ich in den letzten 30 Jahren nur drei Dinge getan: Erstens habe ich ein systematisches Modell zur Kopplung von elektromagnetischen Feldern und strukturellen Verschiebungsfeldern großer Antennen entwickelt und eine optimierte Designmethode für reflektierende Oberflächen vorgeschlagen. Zweitens habe ich theoretische Ansätze und Methoden für die integrierte Konstruktion von Struktur und Steuerung entwickelt, um den Einfluss mechanischer Strukturfaktoren auf die elektrischen Leistungen wie die Richtgenauigkeit des Radarantennenstrahls zu berücksichtigen. Drittens habe ich theoretische Modelle zur Kopplung von elektromagnetischen Feldern, strukturellen Verschiebungsfeldern und Temperaturfeldern für typische elektronische Geräte wie Flachantennen mit Rissen, aktive Phased-Array-Antennen und Hochdichte-Gehäuse entwickelt."

Der Wert wissenschaftlicher Forschungsergebnisse lässt sich natürlich nicht quantifizieren und Duan Baoyan ist sich dessen sehr bewusst. „Wir halten uns in der Forschung immer an die zwei Aspekte: Erstens orientieren wir uns an den nationalen Bedürfnissen. Ohne Bedarf und Anwendung hat die Forschung keine Lebenskraft und keinen praktischen Nutzen. Zweitens orientieren wir uns an der internationalen akademischen Spitze. Die Forschungsergebnisse eines Gelehrten repräsentieren nicht nur ihn selbst, sondern auch das Land in der internationalen akademischen Gemeinschaft." In diesem Sinne ist die Verwendung einer leichten Seilzugmechanik mit opto-mechanischer Integration als Stütze für die Futterquelle und eine sekundäre stabile Plattform im Futterquellenraum, um eine präzise und schnelle Ausrichtung und Verfolgung des Teleskops zwischen dem Fokus und der aktiven Reflektoroberfläche ohne starre Verbindung zu ermöglichen, zweifellos eine optimale Darstellung der zwei Aspekte als eine der drei unabhängigen Innovationen des FAST-Projekts. Es hat nicht nur das Design und die Herstellung von großen Kugelantennensystemen revolutioniert, sondern auch ein „noch nie da gewesenes" Modell eröffnet, dessen internationale Auswirkungen offensichtlich sind …

3.3 Jing Fengshui: Erschließung der Zweige, die von der Futterquelle unterstützt werden

Am 1. August 2014 erhielt die Forschungsgruppe für fortgeschrittene Robotersteuerung und Systeme des Nationalen Schlüssellabors für komplexe Systemverwaltung und intelligente Steuerung am Institut für Automation der Chinesischen Akademie der Wissenschaften, in der Jing Fengshui tätig ist, den Zuschlagsbescheid für das Projekt „Gesamtkontrollsystem zur Unterstützung der FAST-Futterquelle" von den Nationalen Observatorien.

In diesem Jahr hat der Bau des Unterstützungssystems für die Futterquelle Fahrt aufgenommen und verschiedene Teilprojekte haben bereits Etappenergebnisse erzielt: Die Qingdao East Steel Tower Stock Co., Ltd. ist für die Herstellung und Installation der Unterstützungstürme verantwortlich und ist im März eingetreten. Im November wurden alle sechs Türme fertig installiert. Die DHI-DCW Group Co., Ltd. ist für den Entwurf, die Herstellung und die Installation der Seilzugantriebe verantwortlich und trat am 12. Oktober offiziell ein. Im November wurde die Bauplattform des Maschinenraums erfolgreich abgenommen; Das 54. Institut der China Electronics Technology Group Corporation ist für den Entwurf, die Herstellung, die Installation und die Inbetriebnahme des Feed Cabins verantwortlich und begann im Oktober mit der Installation des Moduls vor Ort, gefolgt von der Zusammenarbeit bei der Testphase des Seilzugantriebs. Jing Fengshui und sein Team scheinen etwas spät zu kommen.

Eigentlich nicht. Die Forschung zur Unterstützung des gesamten Kontrollsystems der FAST-Futterquelle wurde ursprünglich entwickelt, um die „Ren- und Du-Meridiane" eines grundlegend geformten Körpers zu öffnen. Nach der Theorie der traditionellen chinesischen Medizin sind die Ren-Meridiane für das Blut zuständig, während die Du-Meridiane für die Energie verantwortlich sind. Beide sind Hauptmeridiane des menschlichen Körpers. Wenn die Ren- und Du-Meridiane offen sind, sind auch die acht Hauptmeridiane offen. Sind die acht Hauptmeridiane offen, sind auch die hundert Nebenmeridiane offen. Dadurch wird die Konstitution verbessert, Muskeln und Knochen gestärkt und der Kreislauf gefördert, was als „normale Umkehrung" bezeichnet wird.

Insofern können einige Dinge auf dem Weg voranschreiten, während andere eine bestimmte Reihenfolge erfordern. Im Falle des Feeder-Unterstützungssystems umfasst es hauptsächlich die Bereiche Mechanismus, Antrieb, Steuerung und Messung. Wie bei anderen Systemen von FAST durchläuft jeder Teil auch hier drei Phasen: theoretische Erforschung, Simulationstests im Maßstab und technische Umsetzung. In den Phasen der theoretischen Erforschung und Simulationstests im Maßstab werden in der Regel mehrere Lösungen vorgeschlagen oder generiert, aber bei der technischen Umsetzung kann nur eine Lösung ausgewählt werden. Wenn mehrere Lösungen synchron umgesetzt werden, ist die Produktion entweder sehr schwierig oder das Produkt nicht wie erwartet.

Nehmen wir als Beispiel die Einrichtung des FAST-Feeder-Unterstützungssystems. Während dessen Betriebs wird nach dem Prinzip gearbeitet, dass zu einem bestimmten Zeitpunkt ein bestimmter Punkt erreicht wird. An jedem Beobachtungszeitpunkt werden der Fokuspunkt der steuerbaren reflektierenden Oberfläche und der Mittelpunkt des Signalempfängers im Feed Cabin genau an einem Punkt zusammenfallen.

Die Schwierigkeit ist extrem hoch! Gemäß dem Implementierungsplan des Projekts werden entlang des äußeren Umfangs des Ringreflektors gleichmäßig sechs Stütztürme errichtet, an denen die Futterkammer mit sechs Stützseilen in der Luft aufgehängt wird. Die Stützseile sind über Führungsräder an den Stütztürmen mit einer Antriebseinrichtung am Boden verbunden. Durch Änderung der Länge der Stützseile mittels der Antriebseinrichtung kann die Futterkammer innerhalb eines Arbeitsbereichs von hundert Metern einen Momentanfokus erreichen und eine Echtzeit-Hochpräzisionspositionierung im Millimeterbereich durchführen, um eine hochpräzise Ausrichtung und Verfolgung von Himmelsobjekten zu ermöglichen.

Der Schlüssel liegt in der „Echtzeit", was eine sehr schwierige und anspruchsvolle „Aktion" ist - das Wort „Echtzeit" bedeutet, dass es mit der tatsächlichen Zeit synchronisiert ist, in der etwas passiert oder sich entwickelt. Seine Bedeutung als Begriff der Informationstechnologie bezieht sich auf das Niveau der Reaktion des Computers. Daher ist das Prinzip offensichtlich: FAST tritt in den Arbeitsmodus ein und bildet auf der aktiven Reflexionsfläche eine momentane Parabel, die auf den Beobachtungsbereich gerichtet ist, um Radiosignale zu sammeln. Der Empfänger im Feed Cabin muss synchron in den Fokus des reflektierten Signals gelangen, zeitlich synchronisiert und ohne Abweichung in der Position. Basierend darauf wurde ein Konzept zur präzisen Fokussierung durch sekundäre Anpassung entwickelt, nämlich grobe Positionierung und Feinjustierung. Die grobe Positionierung wird hauptsächlich von einem sechsachsigen Parallelmechanismus durchgeführt, während die Feinjustierung von einem AB-Achsen-Drehmechanismus im Feed Cabin durchgeführt wird. Schließlich kann der ideale Zustand, den der Zugmechanismus im Feed Cabin erreichen kann, aufgrund der Begrenzung der Seilkraft nicht erreicht werden, was die Genauigkeitsanforderungen bei größeren Neigungswinkeln während des Beobachtungsprozesses nicht erfüllen kann. Obwohl der Arbeitsbereich des Feinjustierungsmechanismus eng ist, verfügt die AB-Achse über die Fähigkeit zur Einstellung der Ausrichtung des erweiterten Seilantriebssystems, um den gewünschten Ort und die gewünschte Ausrichtung des Empfängers im Feed Cabin während des Feinjustierungsprozesses zu erreichen.

Die Auswahl des Implementierungsplans hat deutlich gemacht, dass Jing Fengshui sagen kann: Es ist möglich! Es kann gemacht werden! Was Jing Fengshui und sein Team beantworten müssen, ist: Es kann erreicht werden! Es kann gut gemacht werden!

Offensichtlich bleiben „es ist möglich" und „es kann gemacht werden" nur auf der Ebene der Formgebung, während „es kann erreicht werden" oder „es kann gut gemacht werden" bereits in den Bereich der Anwendung aufgestiegen sind. Mit anderen Worten, der Entwurf und die Herstellung haben lediglich eine vollständige, aber kopflose und dumme Hülle für das Feeder-Unterstützungssystem geschaffen, während die Systemsteuerungstechnologie diese Hülle zum Leben erwecken soll, ihr eine gewisse „Denkfähigkeit" und „Bewusstsein" verleihen soll, damit sie gehorcht und ordentlich funktioniert.

Wie kann es „gehorchen"? Wessen Anweisungen soll es folgen? Jing Fengshui sagte, der Schlüssel liege in der Unterstützung des Gesamtkontrollsystems durch die Futterquelle. Es muss nicht nur die Anweisungen der Hauptkontrolle verstehen, sondern auch die Absichten der Hauptkontrolle an die verschiedenen Regulierungsorgane übermitteln und die Verantwortung für das „von oben nach unten" übernehmen: Von oben heißt direkte Annahme von astronomischen Beobachtungsanweisungen, die vom FAST-Gesamtkontrollsystem über Powerlink-Echtzeit-Industrie-Ethernet erteilt werden, und rechtzeitige Rückmeldung des Betriebszustands des Futterquellunterstützungssystems gemäß den Anforderungen; von unten bedeutet direkte Verbindung mit dem Seilantriebssystem und dem Futterquellraumsystem, Berechnung entsprechender Referenzwerte basierend auf den Anforderungen jeder Beobachtungsaufgabe durch verwandte Pose-Allokationsalgorithmen und Trajektorienplanungsalgorithmen und Übermittlung dieser Werte an Regulierungsorgane wie Seilantrieb, AB-Achse und Stewart-Plattform, um sicherzustellen, dass Fehler bei Position und Ausrichtung des Futterempfängers innerhalb des zulässigen Bereichs liegen.

Wie geht das, damit der Empfänger des Feeders daran hindert, auch nur einen Schritt über die Blitzschutzzone zu gehen? Dieser Fachbegriff wird als „Bahnplanung" bezeichnet, ein Problem, über das Jing Fengshui und sein Team sorgfältig nachdenken müssen. Wenn FAST Beobachtungsarbeit leistet, startet die Futterkammer von der Andockplattform aus und kann in einem Winkelbereich empfangen werden, in dem Signale von der parabolischen Oberfläche reflektiert werden. Es scheint, dass jeder in der Lage ist, eine grobe Reichweite basierend auf seinem Gefühl abzuschätzen. Das Problem ist jedoch, dass die Futterkammer über 30 Tonnen wiegt, in einer Höhe von fast 140 Metern hängt und sich im dreidimensionalen Raum mit einem Durchmesser von 500 Metern erstreckt. Die Menschen können es nicht direkt mit ihrem Gefühl bedienen, sondern müssen es „glücklich", „willig" und „brav" alleine gehen lassen. Das Ziel der Planung besteht darin, zwischen dem Start- und Zielpunkt eine vorgegebene Route für die Futterkammer zu planen und festzulegen, ob es sich um eine gerade Linie oder eine Kurve handelt, wie sich die Geschwindigkeit an jedem Knotenpunkt ändert und wie die Beschleunigung erhöht wird, um sicherzustellen, dass sie sich reibungslos bewegt und pünktlich und genau den angegebenen Ort erreicht.

Blut fließt frei, Energie durchdringt. Auf diese Weise sind alle Teile des komplexen Körpers namens FAST eng miteinander verbunden und erzeugen eine Art von harmonischer Interaktion, bei der jede Bewegung des Körpers auf den geringsten Impuls reagiert. Erst zu diesem Zeitpunkt entfaltet sich die einzigartige Faszination der Visionen der Wissenschaftler und die Aussichten auf die Astronomie verwandeln sich in eine wunderschöne Metamorphose.

Aber um FAST, diese riesige Maschine aus Stahl, Eisen und anderen Materialien wirklich „gehorsam" zu machen, braucht es wohl nur einen Grenzgänger wie Affenkönig Sun Wukong mit magischer Kontrolle! Die Herausforderung für Jing Fengshui und sein Team besteht darin, nicht nur Gehorsam zu erreichen, sondern auch eine Resonanz zu erzeugen, die von Herzen kommt und mit emotionaler Ausdruckskraft einhergeht. Zum Beispiel müssen das grobe Sechsseil-Parallelmechanismus und der präzise AB-Achsen-Drehmechanismus zusammenarbeiten - eines flexibel, das andere starr, aber sie sollen dennoch zusammenwirken. Diese Kombination von Stärke und Flexibilität ist für Menschen angemessen, aber in der mechanischen Struktur großer Komponenten führt sie zwangsläufig zu unvereinbaren Widersprüchen wie starker Kopplung, Nichtlinearität und großen Verzögerungen. Außerdem müssen der Empfänger des Feeders und die parabolische Oberfläche in Zusammenarbeit stehen - einer öffnet sich in Form einer „Fläche", der andere empfängt in Form eines „Punktes". In einem großen Raum müssen sie nicht nur genau „Punkt und Fläche vereinen", sondern auch in Echtzeit „heimliche Blicke austauschen".

Gut, alle Forschungsprojekte sind nicht nur Lückenfüller, sondern beinhalten auch das Stellen und Lösen von Fragen. Oftmals gibt es einen Moment der Erleuchtung, in dem sowohl derjenige, der die Lösung gefunden hat, als auch derjenige, der das Problem gestellt hat, gemeinsam lächeln. Daher hat Jing Fengshui nach mehreren Diskussionen mit den Mitgliedern des Projektteams beschlossen, das Gesamtsystem zur Steuerung der Energiequelle in das Seilantriebssystem und das Steuersystem für den Energiequellenraum aufzuteilen.

Er sagte: „Dies passt auch gut zu dem parallelen Seilantriebssystem und dem AB-Achsen-Drehmechanismus im Energiequellenraum." Die theoretische Grundlage und ihre Anwendung ermöglichen es uns, selbst die größten Schwierigkeiten zu bewältigen und klare Ziele zu haben. Auf diese Weise haben sowohl das Seilantriebssystem als auch das Steuersystem für den Energiequellenraum konkrete und klare Aufgabenstellungen und Richtlinien.

Während das Seilantriebssystem arbeitet, muss das Steuersystem einen idealen Sollwert für die Haltung des Feed Cabinsternrahmens und die Position des AB-Achsen-Kontrollpunkts festlegen. Während des Betriebs vergleichen die relevanten Systeme kontinuierlich ihre aktuelle Position und Haltung mit dem Sollwert und berechnen dann mithilfe einer Reihe von geometrischen Transformationen die Änderungen der sechs Stahlseile. Diese Änderungen werden verwendet, um den Antrieb der Winde zu steuern und die Länge der Stahlseile kontinuierlich zu ändern, um eine möglichst geringe Abweichung zwischen der Haltung des Sternrahmens und dem AB-Achsen-Kontrollpunkt und dem Sollwert zu erreichen.

Im Inneren des Feed Cabins befindet sich eine parallel geschaltete Stewart-Plattform, die zur Kompensation des Grobeinstellmechanismus dient. Die obere und untere Plattform sind durch sechs parallel geschaltete ausziehbare starre Beine miteinander verbunden. Wenn eine grobe Positionierung erreicht wird, kann die aktuelle tatsächliche Position des Quellenempfängers durch entsprechende Geräte genau gemessen werden. Nach dem Vergleich mit der gewünschten Position muss das System anhand der inversen kinematischen Prinzipien des Parallelroboters eine Veränderung berechnen und die entsprechenden starren Beine durch Motoren antreiben, um eine Ausdehnungs-Kontraktionsbewegung auszuführen und den Quellenempfänger an der gewünschten Position zu fixieren und in die gewünschte Haltung zu bringen.

Vermutungen sind bestenfalls einseitige Wünsche. Nur wenn die theoretische Unterstützung unangreifbar ist, kann diese „Vermutung" zu einer Aussicht, zu einer Erwartung und zur Realität werden. Man muss sagen, dass die Antwort von Jing Fengshui und seinem Team sehr beeindruckend ist.

Es scheint, als ob alles reibungslos verläuft. Als Nächstes folgt der Test des verkleinerten Modells im Simulationstest. Auf die Frage nach den kleinen Erfahrungen auf dem Weg antwortet Jing Fengshui bescheiden lächelnd: „Schicksal, es ist wirklich Schicksal."

Das ist wahr, aber es ist nur den Außenstehenden nicht bekannt. Tatsächlich hatten Jing Fengshui und sein Team bereits im Januar 2011 eine „zufällige" Zusammenarbeit mit den Nationalen Astronomischen Observatorien. Zu dieser Zeit wollten die Observatorien das FAST-50-Meter-Modell im Stadtbezirk Miyun von Beijing wiederherstellen und die relevanten Systemlösungen und Designs von FAST vorzeitig überprüfen. Daher wandten sie sich an Herrn Tan Min, einen Experten für Steuerungstechnik am Institut für Automatisierung der Chinesischen Akademie der Wissenschaften. Tan Min empfahl Jing Fengshui und andere, die seit vielen Jahren in der Robotiksteuerung tätig waren und über reichhaltige Erfahrungen verfügten. Dieses Projekt war sehr umfangreich. Die „Wiederherstellung" im fachlichen Sinne war tatsächlich eine Überprüfung des gesamten Designs von FAST, einschließlich Seilzugantrieb, AB-Achse, Stewart-Plattform und des gesamten Steuerungssystems, ob es in der Praxis machbar war und ob die Steuerungs-algorithmen der beiden Stufen den Anforderungen an die Leistungs-fähigkeit entsprechen könnten.

Die Arbeit dauerte zwei Jahre, die Aufgabe wurde mit Erfolg abge-schlossen: „Optimierung und Simulation der Steuerungsmethode für die FAST-Feeder-Unterstützung", „Simulation des Prototyps des FAST-Feeder-Unterstützungssystems", „Upgrade und Umbau des Stewart In-door Model Control Systems", „Wiederherstellung des Modells für das Feeder-Unterstützungssystems in Miyun" und „Entwicklung von Fee-der-Unterstützung-Control-Software". Alle haben mit Bahnplanung, Steuerungssystemen und verschiedenen Motoren zu tun. Es scheint, dass der Zuschlag für das Projekt „Gesamtsystemsteuerung des FAST-Feeder-Unterstützung" nur bedeutet, dass das bereits gekochte „Ge-richt" noch einmal aufgewärmt wird.

Eigentlich nicht! Es bestätigt nur ein klassisches chinesisches Sprich-wort: Chancen sind immer für diejenigen reserviert, die vorbereitet sind. Bei genauerer Betrachtung handelt es sich tatsächlich um eine Begegnung von „Zufall" und „Unumgänglichkeit", die Chance ist der „Zufall", die Vorbereitung ist die „Unumgänglichkeit". Nur mit Vor-bereitung gibt es eine Chance, und wenn man sowohl Vorbereitung als auch Chance hat, wird der Erfolg zur „Unumgänglichkeit". Auf dem Weg dorthin kennen nur Jing Fengshui und sein Team Gewinne und Verluste sowie Freud und Leid.

Um weiter zurückzugehen: Im Jahr 1992 übernahm das Institut für Au-tomation der Chinesischen Akademie der Wissenschaften das Projekt des „2,16-Meter-Teleskopsteuerungssystems" des Pekinger Observato-riums, das damals das größte in Ostasien war. In Bezug auf Positionie-rungsgenauigkeit und Bewegungsverfolgung hat es bereits das Niveau der internationalen Kontrollsysteme derselben Zeit erreicht.

Diejenigen, die am „FAST-50-Meter-Modellwiederherstellung in Mi-yun" Experiment teilgenommen haben, empfanden am stärksten die Arbeitsumgebung, die einen starken Kontrast zur hochpräzisen For-schung darstellte: Das Modell wurde im Dorf Bulaotun in der Nähe des Miyun-Reservoirs im Bezirk Miyun der Stadt Peking platziert, was typisch für abgelegene Bergregionen ist. Die Anreise war weit und abgelegen, um es einfach auszudrücken, es war eine Wildnis. Es gab nur einmal pro Woche einen Bus. Während der Arbeit mussten die Teammitglieder ihr Essen im Voraus mit dem temporären „Kantinenteam" absprechen. Bei großer Hitze und intensiver Sonne kämpften viele Teammitglieder gegen Hitzschlag an. Zum Glück gab es weniger Versuchungen von Nachtleben und stattdessen genossen sie eine ruhige und einfache Umgebung, was dazu führte, dass sich alle auf ihre Arbeit konzentrierten. Diese „Hingabe" führte jedoch zu vielen bemerkenswerten Ergebnissen, wie der Entwicklung eines absoluten Positionierungssystems und dem Vorschlag für Powerlink Echtzeit-Industrial Ethernet.

Stehend auf den Schultern des „FAST-50-Meter-Modellwiederherstellung in Miyun" Experiments und des „2,16 Meter optischen astronomischen Teleskopsteuerungssystems" wurde das Projekt „FAST Feed Support Gesamtsteuerungssystem" übernommen. Oberflächlich betrachtet scheint es nur eine Art „Verpflanzung" zu sein, aber innerlich ist es ganz anders. Schließlich ist das Experiment des Modells höchstens eine Art „Übung", während die Anwendung in der Realität ein echter Kampf ist. Dieses Mal haben Jing Fengshui und sein Team wieder gewonnen, egal ob es um strategische Planung oder taktische Umsetzung geht, sie haben kreativ die erwarteten Ziele erreicht oder sogar übertroffen:

Erstens: Es wurde eine kontinuierliche Quellenwechselsteuerungsstrategie für den Feed Support entwickelt, bei der Steuerungsstrategien verwendet werden, um Vibrationen und andere Probleme zu reduzieren, die während des Start- und Stoppprozesses der Feed Support-Bewegung auftreten können, um eine stabilere und sicherere Bewegung des Feed Supports zu gewährleisten.

Zweitens: Es wurde ein Endkompensationsalgorithmus für die Stewart-Plattform entwickelt, der perfekt die feine Abstimmungsfunktion des Stewart-Systems bestätigt und dazu beiträgt, Fehler in der groben Einstellung des Seilantriebs auszugleichen.

Drittens: Es wurde ein Steuerungssystem auf Basis von Powerlink Industrial Ethernet vorgeschlagen. Das Internet, das wir normalerweise verwenden, basiert auf dem TCP/IP-Kommunikationsprotokoll, das eine Vereinbarung darüber ist, wie „Codierung -> Übertragung -> Decodierung" durchgeführt wird. Einfach ausgedrückt senden Menschen Informationen über das Netzwerk an andere Personen, indem sie die Informationen zuerst in einen Datenstrom umwandeln, der von elektrischen Signalen getragen wird, und dann übertragen. Der Empfänger decodiert die Informationen und stellt sie als erkennbare Informationen dar. Im Experiment „FAST-50-Meter-Modellwiederherstellung in Miyun" stellte Jing Fengshui und sein Team fest, dass bei Anwendungen mit besonderen Anforderungen an die Echtzeitsteuerung viele instabile Faktoren bei der Verwendung des TCP/IP-Systems auftreten können, was für den sicheren Betrieb von FAST sehr gefährlich sein kann. Daher wurde vorgeschlagen, Powerlink als Kommunikationsprotokoll für die Stromversorgung des Gesamtsystems und der untergeordneten Systeme auszuwählen, um die Anforderungen an Echtzeitsteuerung (geringe Verzögerung) und Stabilität bestmöglich zu erfüllen.

Viertens: Es wurde ein Vorschlag zur Ersetzung des relativen Maßstabs durch einen absoluten Maßstab vorgelegt. Im Vergleich dazu ist der relative Maßstab wie ein Lineal ohne Zahlen, nur mit Markierungen. Der Abstand zwischen den Markierungen ist festgelegt. Um eine Position zu bestimmen, muss zuerst die Nullmarkierung gefunden werden. Dann wird die Anzahl der Markierungen zwischen dem aktuellen Punkt und der Nullmarkierung gezählt und mit dem Abstand zwischen den Markierungen multipliziert, um die aktuelle Position des Mechanismus oder teils zu berechnen. Der absolute Maßstab hingegen ist wie ein Lineal mit sowohl Markierungen als auch Zahlen. Sobald die entsprechende Zahl für den aktuellen Punkt gefunden wurde, kann man wissen, an welcher Position sich der Mechanismus oder das Teil befindet, praktisch und genau.

Obwohl die Forschung und Entwicklung des Projekts „Wiederherstellung des FAST-50-Meter-Modells" viele Technologien und Erfahrungen angesammelt hat, besteht immer noch ein erheblicher Unterschied zwischen dem 500-Meter-Kaliber und dem 50-Meter-Kaliber des Modells.

In der ersten Hälfte des Jahres 2015 entwickelte das Team um Jing Fengshui aufgrund der Auswirkungen des Fortschritts anderer Systeme und der Unannehmlichkeiten bei der koordinierten Inbetriebnahme mehrerer Systeme Software-Simulationen für verschiedene Subsysteme wie Seilantrieb und Futterkammer. In dieser Zeit wurde das geräumige Büro zu einem kleinen Simulationstestgelände: Die Schreibtische waren voll von Industrie-PCs und die Computer liefen kontinuierlich unter warmem Luftstrom.

Forschungspersonal weiß, dass bei der Entwicklung von Technologien in unbekannten Bereichen, egal wie poetisch die Vorstellung auch sein mag, schon das kleinste Risiko bedeutet, dass alle bisherigen Bemühungen umsonst waren. Simulationsexperimente sind wie Entdeckung eigener „Fehler", man schlägt sich quasi selbst ins Gesicht.

Wenn es möglich ist: Je öfter Experimente durchgeführt werden, desto beruhigender sind die Ergebnisse der Überprüfung. In diesem Zusammenhang stieß das Projektteam auf ein ärgerliches Problem: Während der Kommunikation brach das Signal immer wieder unregelmäßig ab und zeigte eine seltsame Instabilität. Das Problem ist da und kann nicht gelöst werden, es ist wie eine jederzeit explodierende „Landmine". Für eine ziemlich lange Zeit scheint es oberflächlich betrachtet normal zu funktionieren, vielleicht weil das Projektteam bewusst versucht, es zu kontrollieren. Aber es ist schwer zu garantieren, dass es nicht plötzlich wie ein Geist auftaucht und einen „plötzlichen Angriff" ausführt, der dem System unerwarteten Schaden oder sogar einen tödlichen Schlag zufügt, das ist für FAST inakzeptabel und untragbar.

Anomalie bedeutet, dass es in einem bestimmten Bereich eine Blockade gibt; die Ursache kann nicht gefunden werden, was zu Verschlechterung, Krankheit oder verschiedenen Komplikationen führt.

Nach wiederholter Beobachtung wurden mehrere „Rezepte" erstellt, um den „verborgenen Schmerz" zu lindern, aber sie waren alle erfolglos. Der Leiter Jing Fengshui konnte nicht still sitzen. In diesen Tagen war er fast der Erste im Labor und starrte auf das Miniaturmodell und die blinkenden Muster auf dem Bildschirm. Später kamen nach und nach Teammitglieder an, diskutierten und stritten. Das Labor war wie ein explodierender Topf. Gelegentlich fand jemand einen „Strohhalm", woraufhin alle sofort schweigend beschäftigt waren. Einige überprüften den Systemsoftwarecode, andere lasen das Powerlink-Handbuch nach und wieder andere veröffentlichten Beiträge in ausländischen Fachforen. Aus verschiedenen Richtungen wurde ein „Belagerungsring" errichtet, um das verborgene Problem herauszuziehen.

Am schlimmsten war das Warten auf die Antwort der ausländischen Experten, was oft bis spät in die Nacht dauerte. Zum Beispiel in Deutschland beteiligten sie sich normalerweise nach Feierabend an den Diskussionen im Forum, während es in der chinesischen Zeitzone bereits fast Mitternacht war. Es war spät, aber niemand ging. Wie ein Reflex kam zu dieser Zeit eine sanfte Stimme aus einer Ecke: „Herr Jing …" Jing Fengshui kam wieder zu sich und antwortete sofort: „Lass uns Essen bestellen!" Von da an tauchte dieser besondere Dialog immer zur Essenszeit auf und wurde allmählich zu einem amüsanten Lacher, der das langweilige Büro für eine Weile aufheiterte … Sie setzten sich hin, hielten ihre Lunchboxen. Da sagte Jing Fengshui halb im Scherz: „Seht ihr, wie mächtig der Code ist? ,Lass uns Essen bestellen', das ist der nervige Code, der in meinem Gehirn implantiert wurde und unbemerkt andere kontrolliert. Es fühlt sich so erfüllend an!"

Er kann sich nicht erinnern, wie viele Tage und Nächte er mit Untersuchungen, Überlegungen, Tests und Diskussionen verbracht hat. Schließlich, dank eines „seltsamen Geistesblitzes", wurde das Problem endlich entlarvt - es stellte sich heraus, dass ein winziger Parameter im Kommunikationsprozess fehlerhaft war.

Die Gefahr lauert im Verborgenen und muss mit allen Mitteln aufgespürt werden, während einige offensichtliche Probleme scheinbar allgemein bekannt sind, aber nicht unbedingt beseitigt werden können, wie zum Beispiel die Erfassung und Verarbeitung von Daten aus verschiedenen Kanälen und Quellen. Aufgrund der Verwendung mehrerer GPS-RTK-Geräte und Totalstationen in Messsystemen treten bereits Messverzögerungen und Asynchronitäten auf, während gleichzeitig Echtzeitkontrollaufgaben gewährleistet werden müssen, um eine große Menge an Daten in einem einzigen System zu verarbeiten. Nach intensiver Forschung hat das Projektteam den „Kalman-Filteralgorithmus basierend auf Informationsreorganisation" entwickelt. Durch die Auswahl der Hochfrequenzkanäle für die Neubeprobung oder die Abtastung der Hochfrequenzkanal-Messdaten in bestimmten Intervallen konnte das Problem der Messverzögerungen und Asynchronitäten bei der Zustandsschätzung effektiv gelöst werden.

Ein Systemprojekt, das miteinander verbunden ist, wird die Integrität und Koordination seiner internen Einheitlichkeit zerreißen, wenn sich jeder nur um sich kümmert. Obwohl Jing Fengshui und sein Team das Projekt „FAST-Feed-Source-Support-Gesamtkontrollsystem" übernommen haben, müssen sie auch die verschiedenen anderen Systeme wie das FAST-Gesamtkontrollsystem und das Reflektorsteuerungssystem berücksichtigen und wie sie über industrielle Ethernet- und Glasfaser-Switches reibungslos Daten übertragen können. Wenn jedes System für sich alleine arbeitet und jeder sein eigenes Ding macht, ist die spätere Inbetriebnahme und Wartung sowohl unpraktisch als auch fehleranfällig. In diesem Zusammenhang ist die Kommunikationsschnittstelle das gemeinsame Bindeglied für die Kommunikation untereinander. Daher hat Jing Fengshui und sein Team Kommunikationsschnittstellen für das Messsystem und fünf verwandte Subsysteme entwickelt und kostenlos anderen Entwicklungsteams zur Verfügung gestellt, was hoch gelobt wurde.

Am 28. Oktober 2015 hat das Projekt „FAST-Feed-Source-Support-Gesamtkontrollsystem" erfolgreich die Abnahmeprüfung der Nationalen Observatorien bestanden. Im Vergleich zu vielen steifen und kühlen Bewertungen ist dieser Abnahmereport deutlich voller unaufhaltsamer Leidenschaft.

Das Projekt „FAST-Feed-Source-Support-Gesamtkontrollsystem" hat fünf technische Highlights: erstens die Bewegungsplanung, durch Optimierung der Positionierungsstrategie des Seilantriebssystems und des AB-Achsmechanismus im Feed Cabin, um sowohl die Positionsgenauigkeit als auch die Auswirkungen von ungleichmäßiger Seilkraft zu reduzieren. Zweitens die koordinierte Steuerung, durch Einführung eines zeitvarianten Modells des Schwerpunkts des Feed Cabins, um Störungen der parallelen Stewart-Präzisionsplattform auf das Seilantriebssystem zu reduzieren und die Genauigkeit der Bewegung der 30-Tonnen-Feed-Kammer auf weniger als zehn Millimeter zu verbessern. Drittens die Systemarchitektur der Steuerung, durch Echtzeit-

Ethernet-Verbindung aller relevanten Subsysteme, um eine Echtzeit-Hochgeschwindigkeitsverbindung für Mess- und Kontrolldaten sowie eine zuverlässige Kanalverteilung für GPS-Zeitgeber bereitzustellen und so eine millisekundengenaue Synchronisation der Uhren der relevanten Subsysteme mit astronomischer Zeit für präzise astronomische Beobachtungen zu gewährleisten. Viertens das Mehrkanal-Latenzmessdatenverarbeitungssystem, durch Reduzierung der Verwendungshäufigkeit von Rohmessdaten in Hochfrequenz-Messkanälen mit großen Abweichungen und Anwendung neuer Rekombinationsmethoden zur Lösung von Problemen bei der Schätzung des Bewegungszustands des Feed Cabins aufgrund von Latenz und Mehrkanalmessungen, um die Positionsmessgenauigkeit des Feed-Unterstützungssystems effektiv zu verbessern. Fünftens das verteilte Echtzeit-Datenmanagementsystem, durch Echtzeit-Ethernet und Echtzeit-Datenbanktechnologie, um die Kommunikation zwischen mehreren Datenstationen zu ermöglichen und die Echtzeitdatenerfassung und -übertragung des FAST-Systems sowie die Redundanzsicherung zu gewährleisten.

„Nach seiner Fertigstellung wird FAST das weltweit größte Radioteleskop sein und in den nächsten 20 bis 30 Jahren seine Position als führende Einrichtung behalten. Als multidisziplinäre Forschungsplattform umfasst das FAST-Projekt viele High-Tech-Bereiche wie Antennenherstellung, hochpräzise Positionierung und Messung, hochwertige Funkempfänger, Sensor-Netzwerke und intelligente Informationsverarbeitung, Ultra-Breitband-Informationsübertragung, Massendatenspeicherung und -verarbeitung usw.. Seine Erfahrungen im Bau werden einen tiefgreifenden Einfluss auf die Entwicklung der Fertigungstechnologie in China in Richtung Informatisierung, Extremisierung und Umweltfreundlichkeit haben ..."

Kein Verdienst und auch nicht im Geringsten daran gedacht, sich zu rühmen: Nachdem Jing Fengshui mehrmals persönlich die Baustelle des FAST-Projekts in Dawodang besucht hatte, fühlte er noch stärker, dass das, was er tat, wirklich unbedeutend und wie ein Niet inmitten vieler anderer Komponenten war. Dort gab es außer den normalen drei Mahlzeiten am Tag oft nur einmal pro Woche andere Versorgungsgüter. Alle lebten in beweglichen Holzhäusern, acht Personen pro Zimmer, obere und untere Betten zusammengedrängt. Wenn oben jemand herumlief, konnte man unten deutliche Geräusche hören und sogar ein leichtes Wackeln spüren. Einmal waren viele Mitarbeiter vor Ort an der Inbetriebnahme beteiligt und die Unterkunft war sehr knapp. Jing Fengshui und seine Begleiter konnten nur in das kleine Holzhaus neben dem großen Holzhaus quetschen. Zufälligerweise war das Bett im kleinen Holzhaus in der Mitte gebrochen, also musste er ein paar Ziegelsteine unter das Bett legen und sich dort niederlassen. Der Spalt der Tür des Holzhauses war ziemlich groß, sodass die Mäuse aus den Bergen nachts ungehindert ein- und ausgingen …

Angesichts der Ehre sagte Jing Fengshui sehr gelassen: „Dies ist alles auf die jahrelangen technologischen Durchbrüche und Erfahrungen vieler Lehrer und Schüler zurückzuführen, die eine immer ausgefeiltere Kontrollsystemtechnologie für präzise Haltung und Positionsanpassung bereitgestellt haben, um sicherzustellen, dass FAST präzise Nachführbeobachtungen durchführen kann, um Signale von Himmelskörpern im unendlichen Universum einzufangen. Dies ist nur unsere Anstrengung als Forscher angesichts des großen Bedarfs unseres Landes."

Der 50-Meter-Modellversuchsbereich von FAST im Südcampus der Universität für Elektrotechnik und Elektronik Xi'an.

Kapitel 4

Tag und Nacht hartnäckig auf der Suche

Es handelt sich um eine Gruppe idealistischer Menschen. Sie tragen die Mission, die ihnen das Vaterland auferlegt hat, und betreten die weiten Berge. Die Berge tragen ihre Ehre und Träume!

4.1 Die Wächter der elektromagnetischen Wellen in den tiefen Bergen

Seit mehr als 20 Jahren sind sie mit dem FAST-Team durch Wind und Regen gegangen, immer wieder in die Berge gestiegen, um eine langfristige Überwachung der elektromagnetischen Umgebung durchzuführen, einen autoritativen Bericht zu erstellen und damit einen wesentlichen Beitrag zur Errichtung des „Heims" des Himmelsauges in Dawodang zu leisten. Jetzt schaut das Himmelsauge zum Himmel empor, der Abstand zwischen Menschheit und Universum ist wieder ein Stückchen kleiner geworden, ihre Last ist schwerer geworden.

Sie sind die unbekannten und selbstlosen Funkamateure von Guizhou! Die elektromagnetische Umgebung, ein Begriff, der den Menschen fremd und fern erscheint, ist voll von ihren Mühen und Anstrengungen.

Anfang der 1990er-Jahre schlugen Astronomen weltweit gemeinsam den Bau eines neuen astronomischen Teleskops vor, für das verschiedene Länder Lösungen anboten. Im chinesischen Vorschlag war Guizhou der bevorzugte Standort für das Projekt. Aber für den Standort des Projekts musste zunächst eine umfangreiche Überwachung der elektromagnetischen Umgebung durchgeführt werden, was auf die Funkamateure von Guizhou zurückfiel.

Es gab damals keinen Präzedenzfall für die Durchführung einer elektromagnetischen Umgebungsüberwachung für ein großes Radioteleskop in China. Als die Aufgabe kam, ohne Belohnungen zu erwarten, packten sie ihre Ausrüstung und stürzten sich kopfüber in die tiefen Berge. In mehr als 20 Jahren haben sie Herausforderungen in Chancen verwandelt und Nachteile in Vorteile umgewandelt. Sie haben nicht nur ihre Aufgaben hervorragend erfüllt, sondern auch später als technologische Vorhut das Land bei neuen Missionen im Ausland vertreten.

Gemäß dem Plan wird China aufgrund der vorhandenen Muldenform des Karstgeländes in der Provinz Guizhou ein Projekt namens „FAST" (500-Meter-Apertur-Kugelteleskop) errichten.

Warum wurde Guizhou ausgewählt?

Erstens erfüllt die geografische Beschaffenheit die Anforderungen des Baus. Die Karstlandschaft bietet nicht nur ideale Bedingungen für die Schüsselkonstruktion des großen Radioteleskops, sondern sie hat auch

Ein wichtiges Meisterwerk des Landes, eingebettet inmitten der Tausend-Berge.

von Natur aus eine „durchlässige" Eigenschaft, die das Ansammeln von Wasser um die Ausrüstung herum vermeiden kann. Zweitens hat das große Radioteleskop neben der Topografie eine nahezu strenge Anforderung: In einem bestimmten Umkreis muss eine ausreichend saubere elektromagnetische Umgebung vorhanden sein.

Mit einer Größe von etwa 30 Fußballfeldern ist das Chinas Himmelsauge wie ein riesiges und empfindliches Ohr, das durch den Empfang von Radiowellen die Geheimnisse des Universums erforscht. Im Alltag senden Geräte wie Handys oder Flugzeuge Radiowellen aus, was bedeutet, dass sie alle das große Radioteleskop stören können. Orte mit geringer Bevölkerung, einzigartiger Topografie und geringer elektromagnetischer Störung werden als Vorauswahl betrachtet. Aber nicht jedes scheinbar „saubere" Ödland hat eine ausreichend saubere elektromagnetische Umgebung. Um den Anforderungen des großen Radioteleskops gerecht zu werden, müssen die vorausgewählten Standorte langfristig, kontinuierlich und wiederholt auf ihre elektromagnetische Umgebung überwacht werden.

Als aktuell größtes astronomisches Projekt wurde das FAST-Projekt unabhängig in China entworfen, innoviert und finanziert, mit einer Investition von fast 1,2 Milliarden Yuan, was Chinas Verantwortung als Großmacht in der Welt zeigt. „Die Daten, die FAST sammelt, stehen allen Wissenschaftlern weltweit zur Verfügung. Man könnte sagen, dass dieses Projekt zwar in China gebaut wurde, aber der Welt gehört."

In dem riesigen Guizhou, wo ist der beste Ort für das Himmelsauge?

Die Anforderungen von FAST an die elektromagnetische Umgebung sind „harte Bedingungen". Vor Baubeginn müssen alle vorausgewählten Standorte systematisch auf ihre elektromagnetische Umgebung überwacht werden. Während des Baus muss dies kontinuierlich und regelmäßig erfolgen. Nach Fertigstellung von FAST muss diese Überwachungsarbeit rund um die Uhr ohne Unterbrechung erfolgen. Wenn die elektromagnetische Umgebung gestört wird, verlieren die durch Radiowellen „beobachteten" Daten ihren Wert. Das bedeutet, solange FAST in Betrieb ist, darf die Überwachungsarbeit für die elektromagnetische Umgebung nicht eingestellt werden. Die Verantwortung für das

Finden eines „Heims" und den Schutz des „Heims" des großen Radioteleskops liegt ebenfalls bei den Funkamateuren von Guizhou.

Seit 1996 haben sie Berge und Gewässer durchquert und gemeinsam mit Wissenschaftlern wie Nan Rendong, Nie Yueping und Peng Bo mehrere Mulden mit einem Durchmesser von über 100 Metern auf ihre elektromagnetische Umgebung hin untersucht sowie spezielle Untersuchungen an großen Mulden wie Dawodang im Pingtang-Kreis und Shangjiachong im Puding-Kreis mit einem Durchmesser von über 400 Metern durchgeführt.

Im Juli 2003 beauftragten die Nationalen Observatorien für Astronomie die Funkverwaltungsgesellschaft der Provinz Guizhou mit der Prüfung der elektromagnetischen Umgebung des großen Radioteleskops, eine noch tiefgreifendere und umfassendere Überwachungsaufgabe als zuvor. Die Funkverwaltungsgesellschaft der Provinz Guizhou richtete schnell eine Gruppe zur Überwachung des großen Radioteleskops ein; Am 10. Dezember 2003 begann offiziell die Testarbeit zur elektromagnetischen Umgebung des großen Radioteleskops. Die Testanforderungen für die elektromagnetische Umgebung des großen Radioteleskops stammen vom internationalen SKA-Standortausschuss. Diese Standards erfordern hohe Testempfindlichkeit und Bandbreite sowie lange Testzeiten. Jeder vorausgewählte Standort muss wiederholt getestet werden. Die Daten müssen alle vier Jahreszeiten abdecken und bei jeder Runde mindestens 20 Tage lang rund um die Uhr überwacht werden.

Wie erreicht man den Standard? Vor langer Testzeit haben wir keine Angst, aber die Erhöhung der Empfindlichkeit der Testgeräte ist zu einem technischen Problem geworden, das vor uns liegt. Die täglichen Überwachungsgeräte sind hauptsächlich auf die Überwachung der Kommunikation ausgerichtet, und die Überwachung der elektromagnetischen Umgebung des großen Radioteleskops ist ein neues Thema. Zu dieser Zeit gab es noch keinen Fall in China, bei dem Tests nach internationalen Standards durchgeführt wurden, und es gab auch keine entsprechenden Geräte zur Verfügung. Es gab auch keine vorhandenen Geräte, die den SKA-Standards entsprachen. Die Aufgabe kam – und selbst die härtesten Nüsse mussten geknackt werden!

Nach sorgfältiger Untersuchung der Überwachungsprotokolle und -dokumente sowie der praktischen Erfahrung von mehr als zehn Jahren in der Überwachung der elektromagnetischen Umgebung entwickelte das Überwachungsteam gemäß den Anforderungen des International Site Selection Committee einen vollständigen Überwachungsplan.

Mit einfachen Geräten, die nicht ganz den Standards entsprechen, stürzte sich das Überwachungsteam, ohne zu zögern, in die tiefen Berge. Mit der kontinuierlichen Vertiefung der Überwachungsarbeit gewann das Überwachungsteam ein neues Verständnis für das Projekt. Eine Reihe erfreulicher Leistungen keimten während kontinuierlicher Forschung und Erkundung auf.

Im Juli 2005 hat das Überwachungsteam erfolgreich den Umbau des Monitorsystems des großen Radioteleskops abgeschlossen. Das verbesserte System zeigte eine deutliche Verbesserung in der Leistung, ermöglichte eine zuverlässige 24-Stunden-automatische Überwachung und hohe Echtzeitdatenerfassung.

Im März 2006 reichte das Überwachungsteam den Überwachungsbericht bei internationalen Radioastronomen und Funkexperten ein und erhielt Anerkennung und Zustimmung von internationalen Experten.

Dieses System ist bis heute das einzige große Radioteleskop-Überwachungssystem in China, das internationalen Standards entspricht. Es wurde von Funküberwachungstechnikern der Provinz Guizhou unabhängig entwickelt und sparte dem Land 760.000 Yuan an Kosten.

Das chinesische Himmelsauge hat in der Provinz Guizhou sein Zuhause gefunden, und das Funkverwaltungssystem der Provinz Guizhou begleitet es umfassend von Gesetzgebung, dem Bau von Überwachungsstationen, regelmäßiger monatlicher Überwachung und Schutz sowie strenger Durchsetzung des Gesetzes.

Von dem Zeitpunkt an, als der Standort ausgewählt wurde, wird das „Helm" des chinesischen Himmelsauges von den Funkamateuren streng geschützt.

Sie verstärken den Aufbau von Gesetzen und fördern die Einführung der „Schutzmaßnahmen für die elektromagnetische Ruhezone des 500-Meter-Apertur-Kugelteleskops in der Provinz Guizhou" (im Folgenden als „Maßnahmen" bezeichnet), die die Ruhezone festlegen und gezielten Schutz für den Kernbereich und den Koordinierungsbereich bieten und die Grundlage für die Durchsetzung legen. Es wurden feste Schutzmessstationen im Kernbereich des Teleskops eingerichtet, die mit dem Provinz-Funküberwachungszentrum vernetzt sind, um eine rund um die Uhr schützende Überwachung des chinesischen Himmelsauges durchzuführen, um die elektromagnetische Umgebung rechtzeitig zu analysieren und Störungen zu verhindern. Es wird monatlich eine regelmäßige Überwachung durchgeführt, bei der jeweils zwei bis drei Tage lang ununterbrochen überwacht wird, um elektromagnetische Umweltdaten zu sammeln. Gleichzeitig werden auch unregelmäßige Inspektionen durchgeführt, um sicherzustellen, dass nichts schief geht. Unter Berücksichtigung der „Maßnahmen" werden Funkstationen in der Ruhezone gesetzlich gereinigt und das Einrichten von Sendestationen im Kernbereich entschieden verboten sowie illegale Sendestationen hart bekämpft. In der Praxis organisieren Experten Analysen zur elektromagnetischen Umgebung für nahe gelegene Flughäfen, Wasserkraftwerke und Umspannwerke, um wissenschaftliche Grundlagen für lokale Regierungsentscheidungen zu liefern. Insbesondere bei dem Bau der Pingtang-Luodian-Autobahn hat das Provinzfunkmanagementteam Experten organisiert, um Vorschläge zur Optimierung der Strecke und Beseitigung von Störungen vorzulegen und die elektromagnetische Umgebung des chinesischen Himmelsauges weiterhin zu gewährleisten.

Sie tragen den Geist des harten Kampfes in sich, sind bereit, harte Arbeit zu leisten und beharren darauf, ihre Arbeit bis zum Ende zu führen. Sie bestehen darauf, dass ihre Ideen Früchte tragen und beißen sich an harten Nüssen fest, um Erfolg zu haben. Im Computer des Mitglieds der Überwachungsgruppe Lei Lei befindet sich eine Reihe von Fotos von ihrem Zeltlager in Dawodang. Unvergesslich sind die störrischen Gestalten auf den Bildern.

Neben einem Überwachungsfahrzeug stützt ein Mitglied mit beiden Händen eine Antenne für die Überwachung hoch. Der Tag des Fotografierens sollte im Winter gewesen sein, denn er trug einen Mantel;

Sein Rücken sah etwas unbeholfen aus beim Halten des Stocks. Seine erhobenen Hände waren bereits gerötet. Unter einer mit einem Stock gestützten Plastikfolie stieg leichter Rauch auf; unter dem aufgestellten großen Topf schossen hohe Flammen aus dem brennenden Holzfeuer heraus. Dieser windige Ort war ihre Küche. Auf einem Haufen Kieselsteine sitzt ein Mitglied der Gruppe mit einem Bart und hält ein Stück Brot. Es sitzt gekreuzt und seine Schuhe sind bereits dick mit gelbem Lehm bedeckt, sodass man das ursprüngliche Aussehen der Schuhe kaum erkennen kann.

Aufgrund des geringen Automatisierungsgrades der Frühphasenüberwachungsgeräte war alles auf manuelle Bedienung angewiesen. Die Überwachungsarbeit war äußerst langweilig und das Leben war sehr einsam. Alle Mitglieder der Überwachungsgruppe hatten keine Angst vor Rückschlägen; sie ermutigten sich gegenseitig und stählten ihren Willen in einer harten Umgebung.

Die 7,8 Kilometer lange Schotterstraße nach Dawodang wurde von den örtlichen Bewohnern spontan gebaut, um das nationale Projekt zu unterstützen. An Regentagen war die Fahrt sehr schwierig und es war üblich, dass die Gruppenmitglieder mehrere Tage in den Bergnestern festsaßen. Etwa anderthalb Stunden zu Fuß vom Quartier der Überwachungsgruppe entfernt liegt Shaping im Dorf Jinke, dem nächstgelegenen Bouyei-Dorf zu Dawodang.

Die Einheimischen in den Bergen verstanden nicht ganz, was „Funk" bedeutet, aber als sie sahen, wie schwierig die Bedingungen für die Experten waren, brachten die ehrlichen und freundlichen Dorfbewohner spontan blaue, weiße und rote Plastikfolien von zu Hause mit und bauten eine einfache Küche neben dem Überwachungsfahrzeug für das Überwachungsteam auf. Diese Funkamateure haben die Herzlichkeit der Dorfbewohner tief in ihrem Herzen gespürt. Die Berge sind voller Kälte und Einsamkeit, aber wenn man an das zukünftige lebhafte und fröhliche „Erwachen" des Himmelsauges denkt, was bedeutet dann schon diese Mühe?

Authentische Überwachungsdaten erfordern Ausdauer während aller vier Jahreszeiten und ununterbrochenes Wachen Tag und Nacht.

Die Überwachung der elektromagnetischen Umgebung erforderte eine 24-stündige ununterbrochene Arbeit; Bei jeder Schicht musste Tausende Male auf die Maus geklickt werden. Bei jedem Einsatz zur Bergüberwachung müssten mindestens vier Teammitglieder dabei sein: Zwei Personen übernahmen den Tagdienst und zwei Personen wachten nachts. Die Nächte waren besonders schwer zu ertragen. In Dawodang war die Nacht besonders dunkel; nachts war die Beleuchtung des Überwachungsfahrzeugs das einzige Licht in den tiefen Bergen. Selbst wenn einige große Männer zusammen waren, fühlten sie sich unweigerlich ängstlich. Im Winter war es noch schwieriger, da der eisige Wind durchdringt.

Auch tagsüber war es nicht einfach: Die Nachtwache schlief ein wenig nach und wurde oft vom Sonnenlicht gestört, das durch das Zelt dringt. Trinkwasser war das größte Problem: An sonnigen Tagen konnte Wasser aus dem Tal geholt werden; An Regentagen konnten Fahrzeuge nicht ein- oder ausfahren, sodass nur Regenwasser getrunken werden konnte. Das Wasser in den Bergen enthielt oft rote Würmer. Es blieb nichts anderes übrig, als abzusetzen, abzukochen und dann zu trinken. Wenn sie Fleisch essen wollten, kauften die Teammitglieder Hühner von den Einheimischen. Der Markt war zu weit weg; diese Hühner waren das einzige köstliche Essen, das die Überwachungsgruppe in Dawodang bekommen konnte. Ende Mai, während der Regenzeit, war es nicht ungewöhnlich, dass man aufwachte und feststellte, dass man im Wasser lag.

Das Gruppenmitglied Lei Lei litt an Magengeschwüren, die Essensbedingungen in den Bergen waren wirklich schlecht, also aß er, was auch immer verfügbar war. Eines Nachts bekam er wieder starke Magenschmerzen und seine Kumpels mussten schnell Feuer machen, heißes Wasser kochen und es in eine Thermoskanne füllen, um ihn warm zu halten. Der Gruppenleiter Sun Jianmin hat in den letzten Jahren keine Überwachungsrunde ausgelassen. Einmal arbeitete er mehr als 20 Tage lang an der Überwachung und als er nach Hause kam, hatte er keine Zeit, sich zu rasieren. Er lief aufgeregt zum Kindergarten. Als sein Sohn seinen Vater mit einem Bart sah, sagte er schüchtern: „Papa, ich erkenne dich fast nicht mehr." Sun Jianmin fühlte sich plötzlich warm im Herzen.

Eines Tages baten die Teammitglieder einen Traktorfahrer, Kohle nach Dawodang zu transportieren. Unglücklicherweise begann es gerade heftig zu regnen, als der Lkw ankam. Es regnete tagelang und der Traktor konnte nicht fahren. Der Fahrer blieb zwei Tage in Dawodang und konnte nicht mehr weitermachen: „Es ist schwierig, zu essen und zu trinken; das Handy funktioniert nicht; es gibt keine Unterhaltung." Trotz des Regens ging der Fahrer alleine den Berg hinunter. Ein paar Tage später hörte der Regen auf und er kehrte zurück, um den Traktor wegzufahren.

Einmal kam ein Doktor der Nationalen Observatorien nach Dawodang zur Überwachung und blieb einen Tag dort. Am Ende zählte er über 150 Mückenstiche an seinen Armen. Der Doktor seufzte: „Es ist wirklich nicht einfach für euch, so hartnäckig in den tiefen Bergen durchzuhalten!"

Was scheinbar gewöhnlich erscheint, ist tatsächlich äußerst schwierig.

Von Dezember 2003 bis Februar 2006 hat die Überwachungsgruppe insgesamt 17 Runden Überwachung an verschiedenen Standorten abgeschlossen: zwölf Runden in Dawodang im Kreis Pingtang, zwei Runden in Shangjiachong im Kreis Puding, eine Runde in Shen'aotang in der Stadt Xingyi und zwei Runden an den Astronomischen Observatorien Miyun in Peking. Jede Runde dauerte 20 Tage. Insgesamt haben sie innerhalb von zwei Jahren etwa ein Jahr lang draußen gearbeitet.

In den Bergen haben sie mit Ausdauer und Entschlossenheit „ein Leben lang für eine Sache und ein Projekt" konzentriert und beharrlich gearbeitet und so eine Reihe von Blaupausen fest auf dem chinesischen Boden gezeichnet.

Bei der Suche nach einem „Heim" für das große Radioteleskop testete die Überwachungsgruppe im Freien und widmete sich gleichzeitig der Entwicklung und kontinuierlichen Anpassung der Überwachungsgeräte.

Im Juli 2005 entsandte das internationale SKA-Projektbüro eine internationale Überwachungsgruppe, um gemäß dem internationalen Über wachungsprotokoll eine elektromagnetische Umweltüberwachung in Dawodang, durchzuführen. Offenbar fehlte das Vertrauen in die „Herstellung in Guizhou", daher führten internationale Experten spezielle Kreuzvergleichstests zwischen den in der Provinz Guizhou hergestellten Überwachungsgeräten und den internationalen Überwachungsgeräten durch.

Die Testergebnisse zeigten, dass das automatische Überwachungssystem der Provinz Guizhou die technischen Anforderungen des internationalen SKA-Überwachungsprotokolls erfüllt! Die Überwachungsgruppe bestätigte, dass die Ergebnisse der Funkelektromagnetischen Umgebung des SKA echt und wirksam sind und den Anforderungen des internationalen SKA-Standorts entsprechen können.

Sie sind Pioniere der technologischen Innovation, stehen auf der Höhe der Zeit und verwenden neues Wissen, neue Erfahrungen und neue Werkzeuge, um Probleme zu lösen und Herausforderungen zu bewältigen. Inmitten von Bergen und Flüssen finden sie Lösungen und strahlen mit dem Glanz innovativer Errungenschaften. Die Zukunft liegt weit offen vor ihnen, sie sind immer noch unterwegs.

4.2 Wegen des FAST-Projektes wurden sie zu Handwerkern des großen Landes

Der Hauptteil des FAST besteht aus über 400.000 Reflektoren, die in einer Höhe von über 100 Metern über dem Boden zusammengesetzt sind. Die Genauigkeit der Passung zwischen den Paneelen muss in Millimetern gemessen werden, die Installationskomplexität ist beispiellos und übersteigt die Vorstellungskraft.

Diese schwere Aufgabe liegt in den Händen des Leiters der Montagetruppe für das FAST-Reflektoreinheitshängeprojekt vor Ort, Zhou Yonghe, von Wuchang Shipbuilding Industry Group Co.,Ltd („WS") der China Shipbuilding Industry Corporation.

Mit 18 Jahren Berufserfahrung hat Zhou Yonghe an vielen nationalen Schlüsselprojekten teilgenommen und verfügt über reiche Erfahrungen. Aber zum ersten Mal stand er vor diesem weltweit führenden „großen Spiegel" und fühlte sich fassungslos. Zhou Yonghe sagte: „FAST ist ein großes nationales Wissenschaftsprojekt und auch das größte Teleskopprojekt der Welt. Der Durchmesser ist der größte, es gibt viele Paneele, und unser Hauptanliegen ist es, zu überlegen, wie wir jedes dieser Paneele reibungslos, präzise und sicher installieren können."

Der Hauptteil des FAST-Projekts ist ein sphärischer Reflektor mit einem Durchmesser von 500 Metern und einer Gesamtfläche von 250.000 Quadratmetern, was etwa der Größe von 30 Fußballfeldern entspricht. Zuvor hatte das größte Teleskop der Welt, das Arecibo-Observatorium in den USA, einen Durchmesser von nur 305 Metern und bestand aus mehr als 30.000 kleinen metallischen Reflektoren und dauerte elf Jahre bis zur Fertigstellung. Das FAST hat über 400.000 Reflektoren, und Zhou Yonghes Team hatte weniger als ein Jahr Zeit für die Montagearbeit.

Zuerst montierte das Team von Zhou Yonghe mehr als 400.000 kleine Reflektoren zu 4450 großen Reflektoren unterschiedlicher Größe zusammen. Diese gekrümmten Oberflächen, die aus „kleinen Spiegeln" bestehen, haben eine maximale Fläche von etwa 120 Quadratmetern pro Stück und wiegen bis zu einer Tonne. Sie haben unterschiedliche Formen und sind leicht verformbar. Sie wurden einzeln Hunderte Meter hochgehoben, installiert und mussten innerhalb eines Toleranzfehlers von nicht mehr als zwei Millimetern passen, eine Herausforderung, die noch nie zuvor angenommen wurde.

Nach wiederholten Diskussionen entschied sich Zhou Yonghe für eine Zirkelhubmethode für die Montagearbeiten. Sie beschlossen, ein Kreisregelsystem um das Zentrum des großen sphärischen FAST auf einer Höhe von 50 Metern über dem Boden mit moderner Mechanik zu errichten. „Wir ziehen einfach eine Linie vom Mittelpunkt aus und zeichnen einen Kreis entlang dieses Radius von 250 Metern, sodass alle 4450 Paneele genau und vollständig platziert werden können", beschrieb Zhou Yonghe die Szene damals.

An der Position des Feeder-Moduls im Zentrum des FAST wurde ein Ringbalken als zentraler Stützpunkt für den Zirkel gebaut, während am Rand dieser riesigen Schüssel ein Ringbalkenschienensystem errichtet wurde, auf dem sich ein Lokomotivwagen bewegte - dies bildete den zweiten Stützpunkt. Beide Stützpunkte waren durch zwei dicke Stahlseile verbunden. Während der Installation wurden die Reflektoren zunächst auf das Schienensystem gehoben und dann mithilfe des Lokomotivwagens an die vorgesehene Position transportiert.

Nach mehr als 270 Tagen war die Installation von mehr als 90 % der Reflektoren abgeschlossen. Aber die Installation in der Mitte der Kugeloberfläche stellte sich als neues Problem heraus. Zhou Yonghe erklärte: „An dieser Stelle in der Mitte ist fast ein halber Radius ein toter Bereich; er kann nicht erreicht werden. Daher musste der halbe Radius in einen vollen Radius geändert werden."

Dies ist eine völlig neue und mutige Erkundung. In einer Höhe von über 100 Metern über dem Boden ziehen sie auf der 500 Meter großen Kugeloberfläche ein vollständiges Radius-Stahlseil, nutzen das natürliche Absinken des Stahlseils und lassen die Reflektoren in die vorgesehene Position gleiten. Dies erfordert eine noch präzisere Handhabung des Installationsteams, da bei einem Fehler die an den Stahlseilen hängenden Paneele mit den bereits installierten Kugelspiegeln heftig kollidieren würden, was zu einem Verlust der bisherigen Arbeit führen würde.

Die Windveränderungen im Tal sind äußerst unbeständig und stellen den größten störenden Faktor für das Ablassen dar. Die Handwerker können den Wind nicht kontrollieren, sondern müssen sich an die Gegebenheiten anpassen. Weil die Sichtlinie der Arbeiter oben durch bestimmte Hindernisse beeinträchtigt wird und die Entfernung groß ist, können die Montagearbeiter nur die obere Oberfläche der Paneele sehen. Um eine präzise Positionierung zu erreichen, müssen sie mit den Punkten unten verbunden sein.

Am 3. Juli 2016 wurde das weltweit größte Einzelapertur-Radioteleskop FAST mit der letzten Reflektorplatte installiert und am 25. September in Betrieb genommen.

„FAST selbst wurde entwickelt, um den Weltraum zu erforschen und die Geheimnisse des Universums zu erkunden. Für mich ist es auch ein Prozess der Selbstentdeckung. Wenn Schwierigkeiten immer wieder auftauchen, betrachte ich es als eine Chance zur Herausforderung und zur Verbesserung", sagte Zhou Yonghe nachdenklich.

4.3 Freude in der Mühe ernten

Auf der Baustelle des FAST-Projekts gab es viele Menschen aus anderen Regionen, die weit weg von ihren Familien waren und seit Jahren in dem abgelegenen Dawodang arbeiten. Einer von ihnen war der Bauingenieur Xiang Xiaojun aus Sichuan. Ende 2010 kam er als Manager für das Baustellenmanagement nach Dawodang und schloss sich dem Bau des FAST-Projekts an; bis September 2016 verbrachte er mehr als 2000 Tage in den Bergen verwurzelt.

Xiang Xiaojuns tägliche Arbeit in Dawodang bestand darin, das Baustellenmanagement durchzuführen, gemäß dem täglichen Arbeitsplan die Stahlkonstruktionen, Elektroinstallationen, Bauarbeiten, mechanische Ausrüstungen usw. auf der Baustelle zu inspizieren und Probleme rechtzeitig zu erkennen und zu lösen.

Ursprünglich arbeitete er an industriellen Projekten. Für ihn war die Baustelle des FAST-Projekts tatsächlich ein völlig neues Projekt und ein neues Gebiet mit großer Verantwortung im Bereich des Baustellenmanagements. Er ging Schritt für Schritt voran, vernachlässigte keine Anstrengungen und sammelte ständig Erfahrungen bei der Arbeit. Außerdem erforschte er neue Methoden im Bereich des Baustellenmanagements. Auf einer Baustelle mit einer Fläche von 30 Standardfußballfeldern mussten er und seine Kollegen jeden Tag jeden Arbeitsbereich inspizieren, um die Qualität und den Fortschritt der Arbeiten zu überprüfen. Da das FAST-Projekt viele Bereiche und Punkte umfasste, musste er manchmal bis zu acht Kilometer pro Tag zurücklegen, um seine tägliche Arbeit zu erledigen. Insgesamt legte er während dieser Zeit von mehr als 2.000 Tagen wahrscheinlich mehr als 13.000 Kilometer zurück.

In den Jahren 2014 und 2015 waren zeitweise mehr als zehn Dienststellen gleichzeitig auf der Baustelle des FAST-Projekts tätig. Weil jede Dienststelle ihre eigenen Anforderungen an Qualität und Fortschritt hatte, arbeiteten alle Überstunden. Als Bauleiter musste er nicht nur die Qualität und den Fortschritt der Arbeiten jeder Einheit überwachen, sondern auch viel Energie darauf verwenden, Wasser-, Strom- und Straßenressourcen für jede Dienststelle zu koordinieren. Die Arbeit war genauso stressig wie ein Krieg. Nach Feierabend war er so erschöpft, dass er kaum etwas essen konnte. Die Arbeit hörte nie auf. Daher verbrachte er fast jeden Tag auf der Baustelle des FAST-Projekts an über 360 Tagen im Jahr, außer während des chinesischen Neujahrsurlaubs.

„Die Bedingungen sind tatsächlich viel härter als bei anderen Projekten. Es hat fast sechs Jahre gedauert, um dieses Projekt inmitten eines abgelegenen Bergwaldes fertigzustellen", sagte Xiang Xiaojun stolz. Trotz aller Mühen empfand er Freude; dies war seine Erfahrung beim Bau des FAST-Projekts.

Weit weg von seiner Heimat arbeitete er in den Tiefen dieser Berge. Er fühlte sich schuldig gegenüber seiner Familie. Insbesondere 2015, als sein Vater starb und er ihn nicht ein letztes Mal sehen konnte. Seine Mutter musste zweimal operiert werden und er konnte nicht zurückkehren, um sich um sie zu kümmern. Und dann gab es noch Frau und Kinder. Ihm fiel es schwer, ihnen ins Gesicht zu sehen.

Obwohl die Arbeitsbedingungen schwierig und die Aufgaben anspruchsvoll waren und er seine Familie nicht versorgen konnte, hatte er aus seiner Sicht das Glück gehabt, am nationalen Großprojekt FAST teilnehmen zu können.

Xiang Xiaojun war nur einer von vielen Bauarbeitern, der am FAST-Projekt beteiligt war. Für den Bau des FAST hatten zahlreiche externe Bauarbeiter ihre Heimat zugunsten eines größeren Ziels verlassen: Sie hatten sich inmitten der abgelegenen Berge von Guizhou niedergelassen und dort jahrelang gearbeitet. Sie trugen Einsamkeit und Isolation sowie unvorstellbare Schwierigkeiten mit Fassung. Obwohl sie ihren Familien gegenüber Schuldgefühle hatten, bereuten sie nichts. Sie waren wie feste Grundsteine und unterstützten Chinas Traum von der Erforschung des Weltraums.

4.4 Mit der Kamera die Entwicklung des Himmelsauges aufzeichnen

Als jüngster Ingenieur im FAST-Projekt hat Yang Qingliang einen etwas besonderen Job, nämlich mit einer Kamera und einem Rucksack das Wachstum des FAST zu dokumentieren. Diese scheinbar einfache Arbeit birgt jedoch viele unbekannte Geschichten. An den umliegenden Berghängen des FAST-Bauplatzes wurden mehrere Aussichtspunkte eingerichtet, und Yang Qingliangs tägliche Aufgabe besteht darin, an jedem Punkt Videos und Fotos vom Bau des FAST aufzunehmen.

„Vom Hauptquartier aus dauert es fast zwei Stunden, um zum Gipfel des Guangming zu gelangen. Vom Fuße des Berges aus sieht es nicht so weit aus, und die Strecke ist auch nicht so übertrieben. Aber nachdem man einmal hinaufgegangen ist, merkt man, wie anstrengend es ist", sagte Yang Qingliang.

Östlich des FAST-Bauplatzes befindet sich ein Berg, dessen Spitze aufgrund der Bauarbeiten „abgetragen" werden musste. Die Arbeiter nannten ihn „Guangming-Gipfel". Im November 2015 wurde ein Steg vom Fuß bis zur Spitze des Berges gebaut, was das Gehen erleichterte. Zuvor musste er den „Guangming-Gipfel" entlang eines Eisenrohrs erklimmen, was äußerst gefährlich war. An einigen Stellen waren die Steine locker, und wenn man unvorsichtig war, konnte man den Berg hinunterfallen. Manchmal musste er drei oder vier Mal am Tag den Berg hinaufklettern, besonders im Sommer war er nach einem Aufstieg komplett verschwitzt und zerschliss innerhalb eines Jahres drei oder vier Hosen.

Im Oktober 2014 kündigte Yang seinen Job in Shanghai und kehrte in seine Heimatstadt Duyun zurück. Er stach bei der Talentauswahl der Nationalen Observatorien heraus und ließ sich seitdem in Dawodang nieder.

Als er beim FAST-Projekt begann, wurde Yang zunächst im Büro des Hauptquartiers eingesetzt und war für die Sicherstellung der Netzwerkkommunikation, die externe Betreuung sowie die visuelle Dokumentation des Bauprozesses des FAST verantwortlich.

Er scherzte über seine Arbeit: „Wenn man es hochtrabend ausdrückt, bist du ein Netzwerkingenieur. Wenn man es bescheiden ausdrückt, bist du ein Netzwerkadministrator. Wenn man es hochtrabend ausdrückt, bist du ein Fotograf - du fotografierst also dieses große Teleskop und speicherst Fotos und Videos. Wenn man es bescheiden ausdrückt, bist du einfach nur ein Bildmacher.“

Als Naturwissenschaftler war Yang Qingliang absoluter Laie in der Fotografie. Um die Anforderungen an die Aufnahmen zu erfüllen, lernte er jeden Schritt sorgfältig, von den Grundlagen der Kameratechnik über die Bildkomposition bis hin zur Anwendung von Licht und dem

Beim Fotografieren konzentrierter Yang Qingliang.

Betrieb von Drohnen. Er suchte bescheiden Rat bei Lehrern und experimentierte in der Praxis. Nach und nach beherrschte er die Techniken der Fotografie. Später gewannen seine Werke sogar den ersten und zweiten Preis bei einer großen künstlerischen und fotografischen Ausstellung sowie bei einem Wettbewerb für Kurzfilme im Rahmen einer Massenkulturausstellung der Chinesischen Akademie der Wissenschaften unter dem Motto „Dank an die Partei, Liebe zur Wissenschaft, Schönheit der Innovation".

Durch die Linse gewann er ein tieferes Verständnis für das FAST-Projekt. Vom Feed-Support-Turm bis zum Ringbalken, vom Seilnetz bis zum Feed-Modul. Er kennt sich mit jedem Detail des Projekts sehr gut aus. Die Fläche des FAST-Projekts, die so groß wie 30 Fußballfelder ist, ist tatsächlich nur eine Seite davon. Abgesehen von dieser Seite musste er persönlich jeden Zentimeter des Geländes erkunden. Überall dort, wo menschliche Spuren zu sehen waren, machte er Fotos. Der umliegende Urwald von Dawodang war ebenfalls ein Ort, den er oft aufsuchte. In diesem abgelegenen Waldgebiet ohne Wege fand er nur schwer einen Weg auf den Gipfel und wusste dann nicht mehr weiter…

Das Teleskop mit einem Durchmesser von 500 Metern hat eine vertikale Höhe von 138 Metern vom Boden bis zur Spitze und der höchste Punkt des Feed-Support-Turms auf einer Klippe erreicht 173 Meter. Hinter diesen Zahlen stehen die zwei Jahre langen Messungen und Wanderungen von ihm sowie die allmählich entstehenden technologischen Wunder in den Fotos und Videos, die er selbst aufgenommen hat.

Die harte Arbeit hat auch er manchmal den Gedanken aufkommen lassen, alles hinzuschmeißen. Er sagt: „Manchmal fühlt es sich wirklich ermüdend an. Im Büro vor Ort bin ich praktisch alleine, und die Arbeitsbelastung ist schon durch das Fotografieren sehr hoch. Dann kommen noch die alltäglichen Büroaufgaben dazu. Der Arbeitstag ist immer sehr straff getaktet, eine Aufgabe folgt direkt auf die nächste, und man sieht keine sichtbaren Ergebnisse. Es ist ermüdend. Aber dann denke ich wiederum darüber nach, wie viele Menschen die Chance haben, für FAST zu arbeiten? Wenn ich so darüber nachdenke, finde ich, dass es trotz aller Mühen und Anstrengungen sehr lohnenswert ist!"

Sterne, Milchstraße, Nebelschwaden … Trotz der täglichen Mühen bei der Arbeit von früh bis spät beginnt er mehr und mehr das Gefühl der Erfüllung zu spüren, das ihm die Fotografie bringt. „Es ist wie bei der Teilnahme an der Hochschulaufnahmeprüfung. Du strengst dich von der zehnten bis zur zwölften Klasse an und musst eine lange Zeit durchhalten. Sobald deine Bemühungen belohnt werden und du an deiner Wunschuniversität angenommen wirst, ist es dieses augenblickliche Gefühl. Du wirst feststellen, dass diese drei Jahre es wert waren und ein Genuss im Leben sind", sagt Yang stolz.

„Er ist bescheiden, fleißig und hat einen kreativen Geist. Eigentlich arbeite ich in der Mess- und Kontrolltechnik und habe immer gehofft, dass er zu uns kommt, weil er eine Sache zuverlässig vorantreibt und erfolgreich abschließt sowie anschließend kontinuierlich betreut. Das ist nicht einfach. Ich denke, man könnte ihn als standhaft beschreiben", so bewertet Zhu Lichun, der Chefingenieurin des FAST-Projekts für Mess- und Kontrollsysteme, Yang Qingliang.

Als einer von nur zwei Ingenieuren aus Qiannan bei FAST hat Yang eine tiefere Verbundenheit mit FAST. Er hofft, mit seiner Kamera viele schöne Erinnerungen an dieses große wissenschaftliche Projekt festzuhalten.

4.5 Ein Träumer,
der den Sternenhimmel aufblickt

Von der Stadt aufs Land, von mittleren technischen Kadern zu Basisarbeitern, vom höchsten Bildungsabschluss zum niedrigsten, von hohen zu niedrigen Gehältern – seine Entscheidung hat sein Leben unwiderruflich mit FAST verbunden. Es war diese Wahl, die ihm den Lebenswert gab, den er verfolgen wollte. Er ist Lei Zheng, einer der beiden Ingenieure aus Qiannan bei FAST und Feldingenieur des aktiven Reflektorsystems bei FAST.

Im Juni 2012 wurde Lei Zheng als Mitglied des Nationalen Astronomischen Observatoriums eingestellt und dem FAST-Projekt zugewiesen, wo er als Feldingenieur für das aktive Reflektorsystem tätig ist.

„Ich hatte es dort eigentlich auch ganz gut, bin ziemlich schnell aufgestiegen. Für mich persönlich sollte das nicht das Endziel meines Lebenskampfes sein. Ich denke, die Anziehungskraft von FAST ist größer. Ein Weltprojekt, in einem Leben begegnet man so etwas nicht leicht." Über seine beruflichen Erfahrungen spricht Lei Zheng offen und ausführlich.

Lei absolvierte 2010 sein Studium an der Universität Guizhou und trat nach seinem Bachelorabschluss in ein Rüstungsunternehmen in Guizhou ein. Er war fleißig und ehrgeizig, erlangte schnell den Titel eines Assistenten-Ingenieurs, wurde zu einer technischen Stütze seiner Einheit und stieg zum Leiter des Technikbüros der Hydraulikventil-Werkstatt auf. In den Augen seiner Kollegen war er einer der Besten unter den Jungen in seiner Einheit mit unbegrenzten Zukunftsaussichten. Doch im Jahr 2012, als er erfuhr, dass das von China eigenständig gebaute FAST dringend Mechatronikingenieure benötigte, gab er seinen gut bezahlten Job auf und schloss sich dem Bau von FAST an. Bei FAST angekommen, spürte er einen noch nie da gewesenen Druck. Er ging von der höchsten Bildungsebene in seiner alten Dienststelle zur niedrigsten im FAST-Projektteam über.

„In meiner alten Firma waren wir damals über 1800 Leute, ein großes Unternehmen, und das höchste Bildungsniveau war ein Bachelorabschluss. Bei FAST ist das niedrigste Bildungsniveau ein Masterabschluss. Man kann sofort den Unterschied im Niveau der Plattform erkennen."

Bei FAST änderte sich neben der Position auch das Gehalt: Es war viel niedriger als in seiner alten Dienststelle. Im ersten Monat bei FAST arbeitete Lei drei Tage und bekam 300 Yuan Gehalt.

Er sagt: „Früher war ich eine kleine Führungskraft mit etwas Verantwortung, hier bin ich einfach nur ein kleiner Mitarbeiter. Das erste Gehalt, das mir das Observatorium auszahlte, betrug 300 Yuan, dann wurde ich von unseren Führungskräften beauftragt, nach Peking zu reisen. Zu der Zeit hatte ich nicht viel Geld bei mir; allein die Zugfahrt nach Peking würde 450 Yuan kosten. Ich dachte wirklich: Ich habe nicht einmal genug Geld für die Zugfahrt, wie soll ich hinfahren? Ich konnte weder gut essen noch gut schlafen."

Die Arbeitsstelle wechselte von der Stadt aufs Land, und die Veränderung der Umgebung erforderte eine gewisse Anpassungszeit für Lei Zheng. Viele seiner Klassenkameraden und Freunde konnten seine Entscheidung nicht verstehen und boten ihm sogar aktiv an, Arbeit für ihn zu suchen, um ihn dazu zu bewegen, FAST zu verlassen.

Die Dienststelle arrangierte für ihn ein einmonatiges Praktikum in Peking. Er setzte sich intensiv mit den Entwurfsplänen von FAST auseinander und schloss sich mithilfe seiner Kollegen mehreren Projekten an. Nach und nach begann er, sich in seine neue Arbeit einzufinden.

Während er forschte und lernte, erhielt Lei nach dem Einstieg in die reguläre Arbeit seine erste eigenständige Aufgabe von der Führung: das Design eines Werkzeugs zur Berechnung der Parameterindizes von Bodenankern und deren Überprüfung auf Eignung. Diese scheinbar einfache Aufgabe bereitete ihm lange Schwierigkeiten, aber unter Anleitung seiner Vorgesetzten und Kollegen gelang es ihm nach zahlreichen Änderungen und wiederholten Überprüfungen erfolgreich zu sein!

„Ich war über diese Sache eine ganze Woche lang glücklich. Wenn du deine Arbeit vorzeigen kannst und der Chef sagt: ‚Hmm, nicht schlecht', dann ist das das höchste Lob. Egal wie schwierig oder hart es zwischendurch war, das Ergebnis ist sehr zufriedenstellend. Der Geist bricht plötzlich durch diese Sache hervor, man fühlt sich, als ob alles möglich wäre!", sagte Lei glücklich.

Mit dem Fortschritt des Projekts machte auch er große Fortschritte. Einige der Komponenten, an deren Design und Forschung er beteiligt war, wurden im FAST-Projekt eingesetzt, wobei drei davon zum Patent angemeldet wurden. Das war etwas, was er sich zuvor nie hätte vorstellen können.

Heute hat er eine andere Sicht auf die anfängliche Unannehmlichkeit und Verwirrung bei FAST. Er sagt: „Seit meiner Kindheit hatte ich einen großen Traum: Ein Wissenschaftler zu werden. Bei FAST angekommen, stellte ich fest, dass Wissenschaftler gar nicht so weit entfernt von uns sind. Wenn man im Herzen wissenschaftliche Forschung betreiben möchte und eine solche Gelegenheit hat, was gibt es da noch zu sagen? Nichts kann diesen Glauben überwinden; man muss einfach hierher kommen!"

Fragen stellen, wenn man etwas nicht versteht, Lernen ohne Ende. Das ist Lei Zhengs Einstellung zum Lernen. Durch seine Bemühungen wurde er der erste Mitarbeiter des FAST-Projektteams mit einem Bachelor-Abschluss, der zum Postgraduiertenstudium an der Chinesischen Akademie der Wissenschaften zugelassen wurde. Im August 2016 ging er nach Peking für weiterführende Studien und spezialisierte sich auf das Gebiet der Schlüsseltechnologien für die aktive Verformung der reflektierenden Oberfläche von FAST.

Als ein Mensch aus Guizhou an einem weltweit führenden großen wissenschaftlichen Projekt in Guizhou teilnehmen zu können, empfindet er als eine sehr seltene Lebenserfahrung und ist darauf sehr stolz. „Lehrer Nan Rendong ist ein Meister des ‚Himmelsauges', der die große Aufgabe der nationalen Wiedergeburt mutig auf sich genommen hat. Er kämpfte für die Wissenschaft bis zum letzten Moment seines Lebens und schrieb mit seinem Geist der selbstlosen Hingabe ein faszinierendes wissenschaftliches Leben. Seine patriotische Gesinnung, sein wissenschaftlicher Geist, seine edle Moral und sein herausragender Charakter inspirieren uns ständig. Wir jungen Menschen, die das Universum erforschen wie er, und Forscher wie er haben bereits ihre Zukunft in ihm gefunden. Als Nachwuchs der chinesischen Astronomie werden wir sicherlich in den Fußstapfen von Lehrer Nan gehen und durch unsere Anstrengungen die astronomische Wissenschaft Chinas noch glanzvoller machen", sagt Lei Zheng.

Kapitel 5

Die unendliche Suche
im Weltraum und Universum

In den majestätischen Bergen im Süden von Guizhou ist ein riesiges „Himmelsauge" eingebettet. Dieses silberweiße Himmelsauge erscheint so würdevoll und friedlich. Die gleichmäßig angeordneten dreieckigen Reflektorplatten auf der Schüsselwand glänzen hell, ähnlich wie die Rüstung eines Gottes; die sechs hohen Türme um das Himmelsauge herum gleichen den langen Speeren eines Gottes, der den Himmel bewacht.

Unter dem strahlenden Sternenhimmel und neben den üppigen grünen Bergen bildet dieses Himmelsauge mit dem Himmel und der Erde ein harmonisches und prächtiges großes Gemälde. Die Sterne beobachten, dem Wind des Universums lauschen! Es ist das weltberühmte „Chinesische Himmelsauge"!

Am 25. September 2016 wurde das weltweit größte Einzelapertur-Radioteleskop, nämlich das 500-Meter-Apertur-Kugelteleskop nach 23 Jahren harter Arbeit bei der Konzeption, Vorforschung, Bauarbeit und wiederholten Tests in der Großgemeinde Kedu im Pingtang-Kreis des autonomen Bezirks Qiannan von der Guizhou Provinz offiziell in Betrieb genommen.

Bei der Inbetriebnahme sandte der Generalsekretär des Zentralkomitees der Kommunistischen Partei Chinas, Staatspräsident und Vorsitzender der Zentralen Militärkommission Xi Jinping eine Glückwunschbotschaft an die Wissenschaftler, Techniker und Bauarbeiter, die an der Entwicklung und dem Bau beteiligt waren. Der stellvertretende Premierminister des Staatsrates Liu Yandong nahm an der Inbetriebnahmezeremonie teil und verlas die Glückwunschbotschaft von Xi Jinping.

Von nun an wird dieses riesige „Himmelsauge", das auf dem Boden von Qiannan gewachsen ist, elektromagnetische Signale aus den Tiefen des

Universums empfangen. Tag und Nacht schaut es unermüdlich in den funkelnden Sternenhimmel und trägt die endlosen Vorstellungen der Menschen über das unendliche Universum.

Dieses größte astronomische Projekt Chinas wird auf sanfte „Flüstern" aus den entfernten Bereichen des Universums hören, verschiedene kosmische Informationen sammeln und analysieren sowie unendliche Geheimnisse entdecken, die tief im Sternenhimmel verborgen sind.

FAST vom Himmel betrachtet.

5.1 Das weltberühmte „Himmelsauge" Chinas

FAST ist das größte Einzelapertur-Radioteleskop der Welt mit unabhängigen geistigen Eigentumsrechten in China, das in der Lage ist, elektromagnetische Signale aus einer Entfernung von 13,7 Milliarden Lichtjahren zu empfangen und den Rand des Universums zu beobachten. Laut dem verstorbenen Chefingenieur und leitenden Wissenschaftler des FAST-Projekts, Nan Rendong, kann FAST Informationen über interstellare Interaktionen erkunden, Dunkle Materie beobachten, die Masse von Schwarzen Löchern messen und sogar nach außerirdischer Intelligenz suchen.

FAST besteht aus mehreren Hauptkomponenten wie dem aktiven Reflexionssystem, dem Feed-Unterstützungssystem, dem Mess- und Steuerungssystem, dem Empfänger und Terminal sowie der Beobachtungsbasis.

FAST macht auf den ersten Blick einen Eindruck von seiner Riesigkeit: Mit einem Durchmesser von 500 Metern und einer Höhendifferenz von 173 Metern sieht es aus der Luft betrachtet aus wie ein von Bergen umgebener „riesiger Topf". Es ist nicht nur das größte Einzelapertur-Radioteleskop der Welt, sondern verfügt auch über erstklassige Empfindlichkeit und Leistung.

Warum braucht man ein so großes Teleskop? Wissenschaftler haben uns mitgeteilt, dass die Funksignale von Himmelskörpern extrem schwach sind. In den letzten fünf Jahrzehnten hat die gesammelte Energie aller Radioteleskope nicht einmal eine Seite Papier bewegt. Nur wenn die Empfindlichkeit des Teleskops erhöht wird, kann die Fähigkeit zur Erfassung schwacher Radiowellen gestärkt werden. Um die Empfindlichkeit zu steigern, muss der Durchmesser des Radioteleskops vergrößert werden.

Der Durchmesser des FAST erreicht das Maximum weltweit: 500 Meter. FAST kann elektromagnetische Signale aus einer Entfernung von

13,7 Milliarden Lichtjahren empfangen, was nahe am Rand des Universums liegt. Seit der Geburt des Radioteleskops hat die Menschheit mehr als 2800 Pulsare entdeckt. Wenn die Arbeitszeit des FAST vollständig für die Beobachtung von Pulsaren genutzt wird, könnte diese Zahl innerhalb eines Jahres verdoppelt werden. FAST wird daher als Mitglied der Familie großer Teleskope dazu beitragen, das Tempo des menschlichen Verständnisses des Universums erheblich zu beschleunigen.

„Beim Anblick der Inbetriebnahme des FAST fühlt es sich an, als ob man während seines Studiums Tag und Nacht hart gearbeitet hat und schließlich am Tag der Abschlussfeier vom Rektor den Hut geworfen bekommt", sagte Wang Qiming, der leitende Ingenieur und Gesamtprojektleiter des aktiven Reflexionssystems des FAST-Projekts erleichtert. „Nachdem man hier lange Zeit verbracht und gesehen hat, wie aus dem Nichts etwas entstanden ist, haben viele Menschen eine emotionale Bindung dazu entwickelt. Es ist wie unser eigenes Kind."

Nun ist dieses verschlafene Kind bereit, seine „Augen zu öffnen" und in eine neue Welt zu blicken. Mit kontinuierlicher Verformung der Paneels bildet sich in Echtzeit eine parabolische Oberfläche mit einem Durchmesser von 300 Metern auf der kuppelförmigen aktiven Reflexionsfläche von 500 Metern. Das FAST dreht diesen riesigen Augapfel geschickt, um die Geheimnisse aus dem Universum durch elektromagnetische Wellen zu sammeln und alles im Detail zu betrachten.

Um das leise „Flüstern" aus dem Universum klar zu hören, muss das FAST Signale abdecken, die Platz auf 30 Fußballfeldern benötigen und sie in einem Raum von Pillengröße sammeln, es ist keine leichte Aufgabe. Aus diesem Grund haben Wissenschaftler eine schlaue Lösung gefunden: Sie verwenden sechs große Spannseile, um die Feed-Kabine in eine hochpräzise dreidimensionale Scanbewegung zu bringen. Dieses Design reduziert das Gewicht des Feed-Unterstützungssystems auf etwa 30 Tonnen. Die leichte Feed-Kabine senkt nicht nur die Kosten, sondern verbessert auch die Stabilität und ermöglicht es, einen Momentanfokus im Bereich von hundert Metern zu bilden sowie eine Echtzeit-Hochpräzisionspositionierung im Millimeterbereich zu erreichen, um eine hochpräzise Nachführbeobachtung von Himmelskörpern durchzuführen.

„FAST ist nicht nur majestätisch, sondern am beeindruckendsten ist seine Präzision. Es erfordert millimetergenaue Genauigkeit auf einer so großen Skala und muss zu vereinbarten Zeiten erreicht werden“, sagte Zhu Lichun, die Gesamtprojektleiterin des Mess- und Steuerungssystems des FAST-Projekts.

Dieses stählerne Ungetüm mit einer Struktur von 500 Metern hat überall Anforderungen an millimetergenaue Präzision wie Haare. Über 7000 Stahlseile, die zur Herstellung des Netzes verwendet werden, haben eine Dicke von etwa einem Arm und ihre Verarbeitungsgenauigkeit liegt innerhalb von einem Millimeter; die endgültige Genauigkeit des 500 Meter großen Antennendurchmessers beträgt drei Millimeter und die Dicke der Reflektoreinheit beträgt nur 1,3 Millimeter.

„Die reflektierende Oberfläche, die von der Netzstruktur getragen wird, fokussiert das Radiosignal durch Reflexion an einem Punkt. Es dauerte elf Monate, um die einzelnen Reflektoreinheiten zu verlegen“, sagte Wang Qiming.

Der Chef-Wissenschaftler von FAST, Dr. Nan Rendong, leitet junge Wissenschaftler in der Technologiearbeit an.

Die Netzstruktur ändert sich automatisch mit der Bewegung der Himmelskörper und bewirkt Veränderungen an den 4450 Reflektorpaneelen, die auf dem Stahlseilnetz aktiv sind. Die kuppelförmige reflektierende Oberfläche bildet in Richtung der Radiosignale eine parabolische Fläche mit einem Durchmesser von 300 Metern. Wenn das Teleskop in den Fokus dieser parabolischen Oberfläche bewegt wird, kann es Himmelskörper in beliebigen Richtungen innerhalb eines Zenitwinkels von 40° beobachten.

Der Fokus des gebündelten Radiosignals befindet sich direkt über dem „Topf" und hängt an der Feed-Kabine. Unterhalb der Feed-Kabine ist eine Plattform installiert, auf der der Feed-Empfänger des FAST angebracht ist, um Signale aus dem Weltraum zu empfangen und Daten auszugeben. „Im Gegensatz zu ausländischen Radioteleskopen kann die Feed-Kabine des FAST bewegt werden", sagte Li Hui, stellvertretender Gesamtprojektleiter des Feed-Unterstützungssystems des FAST-Projekts. „Unsere Innovation besteht auch darin, das Gewicht der bisherigen tonnenschweren Feed-Plattform auf etwa 30 Tonnen zu reduzieren."

„Ohne präzise Mess- und Steuerungstechnik würde FAST zu einem „Pflanzenmenschen werden." Zhu Lichun sagte, dass allein der einfache Vorgang des Bewegens der Quellkabine während der Beobachtung eine dreistufige präzise Mess- und Steuerungstechnik erfordert. In dem „großen Topf" stehen auch 24 Fundamente für Lasertheodolite, die wichtige Geräte zur Positionsreferenzierung sind. Die Ingenieure haben sie mit Dübeln in den Felsboden geschlagen und nach drei Jahren Tests eine Stabilität von einem Millimeter erreicht.

Im Vergleich zum sogenannten „größten Bodeninstrument der Welt", dem Radioteleskop Effelsberg in Deutschland, ist die Empfindlichkeit des FAST etwa zehnmal höher. Im Vergleich zum Arecibo-Teleskop in den USA ist die Gesamtleistung des FAST etwa zehnmal hoher und wird in den nächsten 20 bis 30 Jahren seine Position als internationale Spitzenausstattung behalten.

5.2 Neue Welten im Universum entdecken

Die Verwendung des Karsttals in Guizhou als Standort für das FAST war eine bahnbrechende Entscheidung. Die Standortauswahl begann 1994 und wurde von chinesischen Wissenschaftlern von der frühen Standortauswahl über das Design und die Entwicklung bis hin zur späteren Wartung durchgeführt.

„Von Anfang an war der Bau des FAST voller Schwierigkeiten", sagte Zhu Boqin, der Gesamtprojektleiter des Standorts und des Beobachtungsbasissystems. Als großes wissenschaftliches Gerät mit unabhängigen geistigen Eigentumsrechten in China wurde das FAST von chinesischen Wissenschaftlern innovativ entworfen, entwickelt, hergestellt und organisiert gebaut.

„Dies ist eine äußerst komplexe Angelegenheit, bei der sowohl elektromagnetische Umgebungen als auch geologische Bedingungen sowie Kosten berücksichtigt werden müssen", erinnerte sich Zhu Boqin. „Nachdem wir niedrige Geländeformen wie Vulkankrater, Gruben und Einschlagkrater ausgeschlossen hatten, haben wir uns für die Karstlandschaft entschieden."

Die Wissenschaftler inspizierten insgesamt 391 Senken und wählten schließlich die Senke Dawodang in der Gemeinde Kedu, Kreis Pingtang der Provinz Guizhou aus. „Wir sind zu dem Schluss gekommen, dass dies der perfekte Ort für den Bau des FAST ist."

Das FAST-Team wählte Dawodang aus 391 alternativen Senken als Ort zum Lauschen des Universums aus, weil sie weder zu groß noch zu klein ist, die Tiefe angemessen ist, die Form sehr rund ist und sie sich gut für den Bau eignet. Innerhalb eines Radius von fünf Kilometern gibt es keine Stadt oder Dorf, innerhalb eines Radius von 25 Kilometern gibt es nur die Kreisstadt Pingtang und nur ein Dutzend Haushalte in der Umgebung, was zu weniger Funkwellenstörungen führt.

In den folgenden mehr als zehn Jahren wurde die Kreativität des FAST immer wieder verfeinert. Während dieser Zeit wurden über 14 Jahre lang Kooperationsforschungen zu mehreren Schlüsseltechnologien wie dem aktiven Reflexionssystem, der integrierten Optik-Elektronik-Mechanik-Feed-Unterstützungssystem, der hochpräzisen Messung und Steuerung sowie dem Empfänger durchgeführt. Es vereint die innovativen Forschungsergebnisse vieler chinesischer Wissenschaftler aus verschiedenen Forschungseinrichtungen.

Um die spätere Wartung des FAST zu gewährleisten, zeigen die Details überall die Sorgfalt der Wissenschaftler. Beim Betrachten der Oberfläche des großen Topfes aus der Nähe sind die dreieckigen Reflexionspaneele weiß und halbtransparent und mit kleinen Löchern bedeckt. Wenn man genau hinhört, kann man das leise Pfeifen des Windes hören, der durch die Paneele strömt. „50 % der Fläche jedes Paneels ist durchbrochen“, sagte Wang Qiming. Angesichts des regnerischen Klimas in Guizhou ermöglicht dieses Design Regentropfen, durch die Paneele zu fallen und den Boden zu erreichen, ohne die Reflexionsfläche zu beeinträchtigen. „Schwimmende Objekte und kleine Partikel können direkt durch die Paneele gefiltert werden, während größere Objekte regelmäßig entfernt werden können. Diese belüftete Konstruktion reduziert auch Störungen durch Luftströmungen auf den Empfang von elektromagnetischen Wellen und beeinträchtigt nicht das Wachstum der Vegetation am Boden des Topfes - ein echter Mehrwert“, sagte Wang und betonte, dass diese Technik die Beobachtungseffizienz nicht beeinträchtigt.

Die Empfindlichkeit des FAST ist sehr hoch und daher anfällig für elektromagnetische Störungen. „Neben einem speziellen Design zur elektromagnetischen Abschirmung des Teleskops müssen auch Maßnahmen ergriffen werden, um eine ruhige Funkumgebung rund um den Standort zu gewährleisten“, sagte Zhang Shuxin, stellvertretender Geschäftsführer des FAST-Projekts und Leiter des Büros.

Im Dezember 2010 wurde eine Arbeitsgruppe für elektromagnetische Verträglichkeit eingerichtet, um den Schutz der elektromagnetischen Umgebung und die Koordination bei Funkstörungen zu gewährleisten. Die Provinz Guizhou hat auch Vorschriften zum Schutz der elektromagnetischen Ruhezone des 500-Meter-Apertur-Kugelteleskops von

Guizhou erlassen, die seit 2013 in Kraft sind. „Es ist absolut verboten, elektronische Geräte wie Mobiltelefone und Kameras in das Gebiet des FAST mitzubringen."

„Je größer das Radioteleskop ist, desto besser können wir mehr Himmelskörper beobachten und so zur Erforschung des Ursprungs des Universums und zur Suche nach außerirdischer Intelligenz beitragen", sagte Wang Qiming. Die Empfindlichkeit eines Radioteleskops wie dem FAST, also seine Fähigkeit zum Beobachten schwacher Himmelskörper, steigt proportional zum Quadrat seines Durchmessers; sein Beobachtungsvolumen im Weltraum, also die Anzahl der beobachtbaren Himmelskörper, steigt proportional zum Kubus seines Durchmessers.

„Nach der Inbetriebnahme des FAST wird die Anzahl der beobachtbaren Himmelskörper deutlich zunehmen und den Wissenschaftlern eine größere und bessere Stichprobe für Beobachtungen liefern".

Das riesige FAST trägt eine bedeutende wissenschaftliche Aufgabe. Laut Sun Caihong, stellvertretender Chefingenieur des FAST-Projekts, wird das FAST den neutralen Wasserstoff im Universum beobachten, „was dazu beitragen wird, die großräumige Physik des Universums zu erforschen, um den Ursprung und die Entwicklung des Universums zu erkunden." Die Beobachtung von Pulsaren ist ebenfalls ein Schwerpunkt des FAST. Darüber hinaus soll das internationale Netzwerk für niedrige Frequenz- und sehr lange Basislinieninterferometrie dominiert werden, um feinste Strukturen von Himmelskörpern zu erhalten.

„Das FAST trägt auch die Aufgabe, nach außerirdischer Intelligenz zu suchen, interstellare Moleküle zu erkennen und mögliche interstellare Kommunikationssignale zu suchen, einschließlich der am meisten interessanten Signale von Außerirdischen", sagte Sun Caihong. In den nächsten drei bis fünf Jahren wird der Schwerpunkt der Arbeit des FAST auf der Feinabstimmung und Testbeobachtungen liegen. „Es bedeutet nicht, dass es heute fertiggestellt ist und morgen sofort ‚Kochen' kann", sagte Zhu Boqin.

Für das hochkomplexe System des FAST bedeutet die Fertigstellung nicht, dass seine Leistung bereits optimal ist. „Der Prozess der Verformung von einer kugelförmigen in eine parabolische Reflexionsfläche sowie die Genauigkeit der Bewegung der Feed-Kabine müssen noch weiter abgestimmt werden", erklärte er. Die Wissenschaftler werden auch das FAST nutzen, um bereits entdeckte Pulsare zu beobachten und so die verschiedenen Indikatoren des Teleskops zu validieren und sich auf die Entdeckung neuer Pulsare vorzubereiten. „Wissenschaftler hoffen immer darauf, hochwertige Beobachtungsdaten zu erhalten, daher werden wir durch Feinabstimmung und Testbeobachtungen die optimale Leistung des Teleskops erreichen. Natürlich erwarten wir auch einige überraschende Entdeckungen während dieses Prozesses."

Vor der Auswahl des Standorts für FAST lebten etwa ein Dutzend Familien in Dawodang, einem abgelegenen Ort ohne Straßen, Wasser und Strom, in einer isolierten kleinen Welt. Sie verstanden nicht, warum ein „großer Topf" gebaut werden sollte und warum dieses große Ding gebaut werden musste. Das Projektteam erklärte den Dorfbewohnern viel, aber anfangs verstanden sie es nicht. Schließlich verstanden die Dorfbewohner, als sie hörten, dass der „große Topf" Signale von „Außerirdischen" empfangen sollte.

Die Dorfbewohner zogen für die „Außerirdischen" in die Stadt und begannen, das neue Land außerhalb der Täler zu betrachten; währenddessen ersetzte FAST sie dabei, den Sternenhimmel über ihrer Heimat mit derselben Neugierde zu betrachten und das neue Universum im Weltraum zu erkunden.

Wie wird FAST nach außerirdischem Leben suchen? Der stellvertretende Chefingenieur des FAST-Projekts, Sun Caihong erklärt, dass die Signale, die wir normalerweise von Radiosendern, Fernsehsendern usw. empfangen, codiert sind. Die Signale, die astronomische Ziele aussenden, durchlaufen keinen menschlichen Abstimmungsprozess. Wenn das Teleskop also eines Tages ein geordnetes Signal empfängt, das nicht zu astronomischen Phänomenen gehört, könnte es ein Signal außerirdischer Zivilisationen sein.

Neben der Suche nach außerirdischem Leben kann das Teleskop auch viele fantastische Vorstellungen der Menschheit über das Universum erfüllen: Wie ist der Rand eines Schwarzen Lochs? Woher kommen die

Sterne? Warum gibt es uns? Diese Geheimnisse werden durch Radiowellen über Milliarden von Lichtjahren Raum und Zeit zu uns gelangen.

Die Beobachtung von Pulsaren ist eine wichtige Aufgabe des Teleskops. Astronomen erklären, dass Pulsare wie physikalische Labore im Weltraum sind und zur Erforschung bestimmter spezieller physikalischer Phänomene und der kosmischen Evolution dienen können. Wenn ein Doppelsystem aus einem Pulsar und einem Schwarzen Loch entdeckt wird, können Wissenschaftler den Pulsar nutzen, um die Raumzeit um das Schwarze Loch zu erforschen. Die Beobachtung von Pulsaren dient auch praktischen Zwecken. Sun Caihong sagt, dass derzeit mehr als 2000 Pulsare beobachtet werden und einige von ihnen eine Periodenfrequenz haben, die genauer ist als die besten Atomuhren auf der Erde. Durch weitere Beobachtungen mit dem Teleskop könnten in Zukunft möglicherweise Pulsarnavigation realisiert werden, was für die Erforschung des Weltraums von großer Bedeutung ist.

Darüber hinaus könnte FAST auch die Bewegung von neutralen Wasserstoffwolken im frühen Universum beobachten. Der sogenannte „neutrale Wasserstoff" ist Wasserstoff, der im Universum nicht zu leuchtenden und heißen Sternen zusammengeballt ist und aus einem Proton und einem Elektron besteht. Die Bewegung von neutralen Wasserstoffwolken spiegelt die Spuren des frühen Universums wider. Die Beobachtung von neutralen Wasserstoffsignalen durch das Teleskop könnte Einzelheiten über die Wechselwirkungen zwischen Galaxien liefern und sogar Hinweise auf die ersten Generationen von Himmelskörpern sowie auf den langen Entwicklungsprozess des Universums liefern. Wenn wir Glück haben, könnten die Menschen auf der Erde durch das Teleskop Geheimnisse über den Ursprung des Universums erkennen und auch die Zukunft des Universums analysieren.

„Einige Prozesse der Himmelskörperentwicklung müssen durch astronomische Beobachtungen zur Bestätigung der Theorie führen", sagte Sun Caihong. Die letzte Entwicklungsphase eines Sterns führt dazu, dass er zu einem Pulsar wird, während das Ergebnis der Entwicklung unserer Sonne darin besteht, zu einem Weißen Zwergstern zu werden. Die Dichte eines Weißen Zwergsterns entspricht dem Druck von Zehntausenden Elefanten in einem Kubikzentimeter Raum, während die

Dichte eines Pulsars dem Druck von Milliarden Elefanten in einem Na-
gelbett entspricht. Diese Entwicklungen finden nur im Universum statt
und können nicht auf der Erde simuliert werden. Daher sind größere
Teleskope erforderlich, um weiter entfernte astronomische Phänomene
zu beobachten und das Bild des Universums klarer zu machen sowie das
Verständnis der Menschheit über den Weltraum weiter voranzubringen.

5.3 Nur für die
nationale Entwicklungsstrategien

Seit seiner Fertigstellung im Jahr 1963 hat das Arecibo-Observatorium
in den Karstlandschaften von Puerto Rico den Thron des weltweit größten Einzelantennen-Radioteleskops für ein halbes Jahrhundert inne.
Der ursprüngliche Durchmesser des Arecibo-Teleskops betrug 305 Meter und wurde in den 1970er-Jahren auf 350 Meter erweitert.

Heute wird FAST schließlich das Arecibo-Teleskop ersetzen und zum
neuen König der Radioteleskope werden. Der stellvertretende Chefingenieur des FAST-Projekts für das Feed-Support-System, Li Hui, erklärt:
„Ausländische Teleskope sind uns sehr ähnlich, aber ihr Feed-Raum ist
auf einer Plattform montiert, wiegt insgesamt 1000 Tonnen und ist un-
beweglich, während der Feed-Raum von FAST in der Luft hängt, flexibel bewegt werden kann und fokussierte Radiowellen empfangen kann.
Die Struktur des Feed-Support-Systems wiegt nur etwa 30 Tonnen.“

Mit einem Durchmesser von 500 Metern und einer Empfangsfläche,
die der Größe von etwa 30 Fußballfeldern entspricht, wird FAST nicht
nur einen neuen Weltrekord für das größte Einzelantennen-Radiotele-
kop in Bezug auf die Größe aufstellen, sondern auch in Bezug auf Empfindlichkeit und Gesamtleistung an die Spitze der Welt gelangen.

„Die Technologie des FAST-Projekts ist führend. Wir stehen an vorderster Front der Welt. Obwohl es sehr schwierig und gefährlich ist, ist die
Aussicht sehr schön. Das ist unser Glück“, sagte Zhu Lichun.

FAST-Projektmanager und Büroleiter Zhang Shuxin sagte, dass das umfassende Design des Teleskops die unabhängige Innovationsfähigkeit Chinas widerspiegelt. Der Bau wird die Entwicklung zahlreicher High-Tech-Bereiche vorantreiben und die Fähigkeiten zur ursprünglichen Innovation, integrierten Innovation sowie zur Einführung, Absorption und erneuten Innovation verbessern. Der Bau und Betrieb werden den wirtschaftlichen Wohlstand und den sozialen Fortschritt in Westchina fördern und der Gesamtstrategie der regionalen Entwicklung des Landes entsprechen.

Von der Konzeption im Jahr 1993 bis zur Inbetriebnahme im Jahr 2016 hat FAST 23 Jahre unabhängige Innovationsfähigkeit durch kontinuierliche Innovation und Verfeinerung der Fähigkeiten erlebt. Mit dem FAST, das über unabhängige geistige Eigentumsrechte in China verfügt, wurde das weltweit größte und leistungsstärkste Einzelantennen-Radioteleskop geschaffen. Die Gesamtreflektorfläche beträgt 250.000 Quadratmeter, für die Reflexionspaneele wurden mehr als 2000 Tonnen Aluminiumlegierung verwendet, während für die Balken, Seilnetze und sechs unterstützende Feed-Kabinen-Türme mehr als 10.000 Tonnen Stahl verbaut wurden.

Im Vergleich zu der beeindruckenden Größe und Pracht des FAST ist das nahe gelegene Bauleitungsbüro sehr einfach gehalten, mit provisorischen Holzhütten ohne Toilettenanlagen. Die Ingenieure und Techniker des Projekts waren seit Baubeginn im Jahr 2011 bis zur Inbetriebnahme hier stationiert.

„Die staatlichen Mittel sind begrenzt, also müssen wir das Geld in das Projekt stecken, um sicherzustellen, dass das Projekt vorangeht“, sagte Wang Qiming. „Es ist viel anstrengender, Geld auszugeben als es zu verdienen“, fügte er lachend hinzu.

Das FAST-Projekt war sehr kostensparend, viele Designs wurden im Vorfeld umfassend erforscht. Hinter dem Bauleitungsbüro liegen immer noch viele der ursprünglichen Prototypen. Wir sehen, dass allein für die Verformung des Teleskops Dutzende von Aktuatoren unterschiedlicher Größe verwendet wurden.

„Wir haben neun Teststände für die Aktuatoren gebaut und Dutzende Prototypen gleichzeitig getestet. Es hat acht Jahre gedauert, bis das passende Produkt entwickelt wurde. Die Ermüdungstests der Stahlseile wurden auch über hundert Mal durchgeführt. Die auf Schrägseilbrücken verwendeten Stahlseile haben eine Installationsfestigkeit von 200 Megapascal und können zwei Millionen Mal gebogen werden, aber die Anforderungen an die Stahlseile des FAST sind eine Installationsfestigkeit von 500 Megapascal und ebenfalls zwei Millionen Biegezyklen, daher gab es unzählige Misserfolge. Damals waren wir sehr besorgt und haben über hundert Unternehmen und Universitäten konsultiert. Letztendlich, als das ausführende Unternehmen neue Stahlseile entwickelte, die den Anforderungen entsprachen, wurden zwölf Patente beantragt", sagte Wang Qiming.

Unter strengen technischen Anforderungen hat FAST die führenden Bauunternehmen im Inland versammelt. Zum Beispiel war das Unternehmen, das den Ringbalken herstellte, am Bau des Vogelnests und des Nationaltheaters beteiligt; das Unternehmen, das das Paneel-Gitter herstellte, war am Bau des Wasserkubus beteiligt. „Diese Unternehmen betrachten andere Projekte als Hauptprojekte und bezeichnen FAST als Null-Projekt. Viele Unternehmen sind nicht darauf aus, Geld zu ver-

Nan Rendong und das Ingenieurbüro hinter ihm.

dienen, sondern sie denken, dass sie als Branchenführer nicht bestehen können, wenn sie nicht einmal dieses weltweit führende Bauprojekt realisieren", sagte Wang Qiming.

Der Zeitplan war knapp und das Projektteam musste technische Herausforderungen bewältigen und gleichzeitig die Qualität der Arbeit sicherstellen. „Zu dieser Zeit wurde die Arbeitszeit der Arbeiter auf weniger als eine halbe Stunde genau geplant, und jeder Schritt hatte strenge Anforderungen. Zum Beispiel musste die Farbe bei klarem Wetter gereinigt und getrocknet werden, bevor sie aufgetragen werden konnte. Schweißelektroden mussten nach einem Regenschauer getrocknet werden, bevor sie verwendet werden konnten, da sonst Lufteinschlüsse die Qualität der Arbeit beeinträchtigen würden. In Guizhou konnte wegen des starken Regens ein halber Monat lang keine Farbe aufgetragen werden. Die Arbeiter waren ungeduldig auf der Baustelle, aber es war entschieden verboten, zu streichen", sagte Wang Qiming.

Zahllose Techniker haben hier hart gearbeitet. Wang Qiming sagte, dass die Bedingungen auf der Baustelle damals sehr schwierig waren. Bei der Installation der komplexesten Reflektorpaneele arbeiteten die Arbeiter elf Monate lang in großer Höhe und montierten sitzend an den Verbindungspunkten. Ein Tag dauerte so lange wie ein Sitztag. Wenn es regnete, konnten sie nicht herunterkommen und mussten im Regenmantel warten. Sie hängten ihre Essensboxen an Seilen hoch und versuchten, so wenig wie möglich zu trinken, um Toilettenbesuche zu vermeiden.

Das weltweit führende FAST-Projekt kann den Menschen helfen, mehr Informationen aus dem Universum zu erfassen und bedeutende astronomische Entdeckungen zu ermöglichen. Die Begriffe „hohe Empfindlichkeit" und „mehr Informationen aus dem Universum" bedeuten auch einen enormen Bedarf an Datenspeicherung und komplexen Berechnungen. Die Ingenieure sind der Ansicht, dass die Astronomie als einer der ersten Wissenschaftsbereiche, die eine Informationsexplosion erlebt haben, schon immer für große Datenmengen und komplexe Datentypen bekannt ist. Als unbestrittenes „Weltklasse-Teleskop" in der Radioastronomie hat FAST ebenfalls einen „astronomischen" Bedarf an Datenspeicherung und Berechnungen.

Wie stark muss die Rechenleistung von FAST sein? Die Ingenieure glauben, dass die kurzfristigen Anforderungen an die Rechenleistung von FAST mindestens zwei Millionen Billionen Operationen pro Sekunde betragen müssen, und der Speicherbedarf ist unvorstellbar. Mit der Zeit und mit dem Fortschreiten der wissenschaftlichen Aufgaben wird der Bedarf an Rechenleistung und Speicherkapazität explosionsartig wachsen, die Datenmenge und die Rechenlast werden „erstaunlich groß" sein. „Viele Astronomen haben sich mehr oder weniger über die unzureichende Verfügbarkeit von Datenverarbeitung beschwert. Das FAST-Projekt hat dieses Problem nicht. Denn in das Design von FAST ist ein entsprechendes Supercomputing-Zentrum integriert", sagte Li Jun, Präsident der Dawning Information Industry Company Limited („Sugon"). Als Anbieter von Lösungen für wissenschaftliche Großdaten hat Sugon bereits integrierte Architekturlösungen für Supercomputing, Big Data und Cloud Computing in Bereichen wie Erdmodellierung, Umweltschutz, Luft- und Raumfahrt-Großdaten, Genforschung, astronomische Erkundung und Deep Learning entwickelt. Bei der Einrichtung des Supercomputing-Zentrums für FAST ist Sugon einer der Mitbauer.

Mit seiner führenden technologischen Stärke im Bereich des Hochleistungsrechnens und seiner umfangreichen Branchenerfahrung hat Sugon die Entwicklung und den Bau der Hochleistungsrechner für den Betrieb von FAST übernommen. Das erste System wurde bereits gebaut und in Betrieb genommen, um den Bedarf an Datenspeicherung und ersten Analyseverarbeitungen von FAST für etwa ein Jahr zu decken. „Sugon wird weiterhin die Forschung und Entwicklung im Bereich der effizienten Datenspeicherung, der Leistungsoptimierung der Datenverarbeitung, der Energieverbrauchskontrolle und der schnellen Bereitstellung gemäß den Anforderungen von FAST verstärken, um den zukünftigen Betrieb von FAST und die damit verbundenen wissenschaftlichen Forschungsanforderungen zu erfüllen", sagte Li Jun. Der Zugang zum Supercomputing-Zentrum ist wie das Anschließen eines „Gehirns" an das Teleskop, um die unbekannten Informationen, die von FAST erfasst werden, in für Menschen lesbare Inhalte zu verarbeiten. Laut Li Jun wird die Rechenleistung des Systems nach Fertigstellung mehrere Billionen Operationen pro Sekunde erreichen, und die Netzwerkübertragungsgeschwindigkeit wird 100 Gigabit pro Sekunde erreichen, um die hochsensible und leistungsstarke astronomische Beobachtung von FAST mit effizienter Datenspeicherung, Verteilung, Berechnung und Analyse vollständig zu unterstützen.

Experten erklären, dass die Astronomieforschung typischerweise eine datenintensive Wissenschaft ist und die Datenerfassung, -speicherung, -verwaltung, -analyse und -visualisierung zu neuen Methoden und Prozessen in der Astronomieforschung geworden sind. Als vierte Art von wissenschaftlicher Entdeckung nach experimenteller Wissenschaft, theoretischer Wissenschaft und Computerwissenschaft wird „Big Data in der Wissenschaft" allmählich zur Grundlage neuer wissenschaftlicher Entdeckungen. Das FAST-Projekt ist ein typisches Beispiel für die perfekte Kombination von Supercomputing und astronomischen Großdaten.

Es ist absehbar, dass nach der Inbetriebnahme des FAST und seines begleitenden Supercomputing-Zentrums die FAST-Basis zu einem weiteren wichtigen Forschungszentrum in der internationalen Astronomie werden wird.

Kapitel 6

Der Vergangenheit folgen
und die Zukunft ankündigen

Das chinesische Himmelsauge, das Selbstvertrauen und den Ehrgeiz Chinas zur Selbsthilfe verkörpert! Es verkörpert den unermüdlichen Streben nach Pioniergeist und Innovation sowie den wissenschaftlichen Anspruch auf Exzellenz und kontinuierliche Verbesserung!

Es verkörpert die patriotische Hingabe und das Streben nach dem Gesamtwohl sowie die hervorragende Arbeitsmoral der Einheit und Zusammenarbeit! Dieser nationale Schatz und dieses Werkzeug werden China in ein „goldenes Zeitalter" der Astronomie führen!

6.1 Patriotische Hingabe
und Streben nach Exzellenz

Nan Rendong wurde im Februar 1945 in Liaoyuan, Jilin geboren und wurde aufgrund seiner hervorragenden Leistungen als bester Schüler im Fachbereich Naturwissenschaften in der Provinz Jilin an der Tsinghua-Universität im Fach Funktechnik zugelassen. Nach seinem Abschluss an der Tsinghua-Universität im Jahr 1968 wurde er zur Arbeit in das Radiowerk Tonghua der Provinz Jilin versetzt. Im Jahr 1978 nahm China das Mastersystem wieder auf, woraufhin er sich für ein Studium in Astrophysik am Pekinger Observatorium einschrieb und unter der Leitung des berühmten Astronomen und Akademiemitgliedes Wang Shouguan studierte. Während seines Studiums schlug er unabhängig die Methode vor, den Radiostar CygA zur Kalibrierung des Millimeterwellen-Syntheseaperturteleskops in Miyun zu verwenden, und wandte sie erfolgreich bei Beobachtungen an. Er entwickelte auch ein Modell zur Korrektur der Ionosphäre und zur Bildgebung von Teleskoparrays.

Nach seinem Abschluss blieb Nan Rendong am Pekinger Observatorium tätig. Ab 1984 begann er mit systematischen Beobachtungen aktiver galaktischer Kerne mit dem internationalen Very Long Baseline Interferometry (VLBI) Netzwerk und leitete mehr als zehn Beobachtungen des europäischen und globalen Netzwerks. Er entwickelte innovative VLBI-Polarisationsbeobachtungstechniken und erzielte herausragende Ergebnisse auf dem Gebiet der VLBI. Er war an frühen wissenschaftlichen Datenübertragungen des chinesischen Mondprogramms beteiligt und führte eine Machbarkeitsstudie für präzise Bahnberechnungen durch VLBI in Verbindung mit dem chinesischen USB-Kontrollnetz für Satelliten durch. Darüber hinaus förderte er die Forschung zur autonomen Navigation von Pulsaren in China und stellte die Anwendung von FAST-Pulsar-Timing-Arrays vor.

Seit 1985 hat Nan Rendong Gastforschungen an mehreren astronomischen Einrichtungen in Ländern wie den Niederlanden, Japan, Kanada, den USA, Großbritannien und Italien durchgeführt. Nach seiner Rückkehr nach China hatte er verschiedene Positionen inne, darunter stellvertretender Direktor des Pekinger Observatoriums, Vorsitzender der Astronomischen Gesellschaft Peking, Mitglied des IAASETI-Komitees der Internationalen Akademie für Raumfahrtwissenschaften und Vorsitzender des Radioastronomie-Ausschusses der Internationalen Astronomischen Union.

Nan Rendong, ein international renommierter Astronom, ist der Initiator und Gründer des Projekts zum Bau einer bedeutenden technologischen Infrastruktur Chinas - dem 500-Meter-Apertur-Kugelteleskop (FAST). Er leitete die Auswahl des Karstbeckens in der Provinz Guizhou als Standort für das Teleskop und überwand während der 23-jährigen Planungs- und Bauphase eine Reihe von technischen Herausforderungen. Seit 1994 war er verantwortlich für die Standortauswahl, Voruntersuchungen, Projektgenehmigung, Machbarkeitsstudien und erste Entwürfe von FAST sowie die Formulierung wissenschaftlicher Ziele. Er schlug mutig vor, das Karstbeckengebiet in der Provinz Guizhou als Standort für das Teleskop zu nutzen und verbrachte zwölf Jahre damit, den Standort in den tiefen Bergen auszuwählen. Er leitete umfassend den Bau des FAST-Projekts und überwand eine Reihe von technischen Herausforderungen wie die aktive Reflexionsfläche, Ermüdung der Seile, effiziente Verankerungstechniken für Kabel und präzise Kontrolle bei der Installation eines großen Spannweite-Gitternetzes.

In Nan Rendongs Augen ist „Arbeiter" ein Wort mit besonderer Bedeutung. Nach seinem Abschluss an der Tsinghua-Universität im Fach Funktechnik wurde er 1968 zur Arbeit in das Radiowerk Tonghua in der Provinz Jilin versetzt. Dort arbeitete er eng mit den Arbeitern zusammen und verbrachte dort zehn Jahre. Während dieser Zeit lernte er nicht nur Schweißen und andere handwerkliche Fähigkeiten, sondern gewann auch eine Gruppe von Arbeitern als Freunde, die ihn sein Leben lang begleiteten.

Jahrzehnte später, während des Baus des FAST-Projekts, konnte man immer wieder sehen, wie Nan Rendong mit Helm und Arbeitskleidung auf der Baustelle persönlich die Arbeiten der Grundarbeiter verrichtete. Er packte dort zu, wo die Arbeiter nicht konnten, und zeigte großen Einsatz, was sowohl die Techniker als auch die Arbeiter beeindruckte. Er setzte sich oft auf den Boden und unterhielt sich mit den Arbeitern und Bauern, kannte ihre Namen und wusste über ihre Familienangelegenheiten Bescheid. Selbst wenn er gelegentlich nach Peking zurückkehrte, vergaß er nicht, den Arbeitern Sportbekleidung und Obst zu kaufen.

Er behandelte die Arbeiter und Bauern wie seine eigenen Verwandten und war mit allen gut befreundet. Mit Wissenschaftlern zusammen war er ein Wissenschaftler, mit Arbeitern zusammen war er ein Arbeiter, mit Bauern zusammen war er ein Nachbar-Bauer. Jedes Mal, wenn er auf die Baustelle kam, sagte er zu den Arbeitern: „Danke für eure harte Arbeit." Und: „Passt auf euch auf, die Bedingungen sind nicht so gut." Alle bewunderten ihn aufrichtig dafür, dass er so bodenständig war.

Er liebte seine Familie sehr, fühlte sich aber schuldig. Gegenüber seinen Kollegen war er streng, aber gleichzeitig fürsorglich. Gegenüber seinen Landsleuten war er geduldig und aufrichtig. In seiner Arbeit und seinem Beruf war er leidenschaftlich und standhaft. Gegenüber seinem Land war er grenzenlos loyal und opferte sich vollkommen. Nan Rendongs Liebe zur Heimat und zum Volk, sein Pioniergeist und seine unerschütterliche wissenschaftliche Hingabe, seine Bescheidenheit und selbstlose

Hingabe sowie sein Streben nach Exzellenz und seine aufrichtige Einfachheit machen ihn unvergesslich.

Als Wissenschaftler trug er stets die schwere Verantwortung auf sich. Als Wissenschaftler war er entschlossen, jedes Projekt bis ins Extrem zu treiben, und in diesem Prozess verwandelte er das Gewöhnliche in Legenden. Er sagte seinem Team, dass er, wenn FAST nicht während seiner Lebenszeit fertiggestellt würde, von den Klippen des Westgipfels des Dawodang herunterspringen würde.

Professor Nan war außergewöhnlich großartig, er wurde für das Teleskop geboren und starb ebenfalls dafür! Das Teleskop ist sein Sohn und er ist gleichzeitig der Vater. Er trägt den Titel „Vater des chinesischen Teleskops" zu Recht! Wenn man das gesamte Bauprojekt des Teleskops als einen großen Baum betrachtet, dann ist Professor Nan der Stamm und der Hauptast dieses Baumes. Die vielen Wissenschaftler und Arbeiter, die einen enormen Beitrag zur Fertigstellung und Inbetriebnahme des Teleskops geleistet haben, sowie die Führungskräfte aus Guizhou, Qiannan und Pingtang und die Einwohner von Pingtang sind die Zweige und Blätter dieses Baumes. Dank der gemeinsamen Anstrengungen hat dieser Baum üppiges Laub bekommen, kräftig gewachsen und ist zu einem nationalen Schatz geworden. Er hat sich für das Land eingesetzt, sparte Kosten ein, tat Großes mit wenig Geld und investierte jeden Cent des Landes sorgfältig. Sein persönlicher Beitrag half vielen Studenten und trotzdem war er sehr großzügig. Was bedeutet Verantwortung? Was bedeutet Hingabe? Was bedeutet Patriotismus? Das ist es.

Diese jungen Wissenschaftler haben viele Jahre mit ihm verbracht, wie Nie Yueping, Peng Bo, Zhu Boqin, Zhu Lichun und andere junge Talente. Als sie ihm folgten, waren sie alle in ihren Dreißigern, in ihrer goldenen Lebenszeit. Sie haben viele Jahre oder sogar ihr ganzes Leben mit Nan Rendong zusammengearbeitet. Wenn am Ende nichts erreicht wird, wie kann er das rechtfertigen?

Viele Forschungsinstitute sind führend in Technologie und Forschung und beteiligen sich an diesem großen Projekt. Professor Nan hat seine wertvollste Zeit und sein Wissen eingesetzt, um uns alle zu führen und dieses große Projekt zur Perfektion zu bringen. Die Größe des chinesischen Teleskops muss nicht erwähnt werden, jeder weiß es bereits. Angesichts der heutigen Investitionen von Dutzenden oder sogar Hunderten von Milliarden ist die Investition von weniger als 1,2 Milliarden für das chinesische Teleskop geradezu lächerlich. Ohne Nan Rendong gäbe es dieses großartige Wunder nicht!

6.2 Die Abgeklärtheit und Charakterfestigkeit eines Wissenschaftlers

Im März 2015 wurde bei Nan Rendong Lungenkrebs diagnostiziert. Drei Monate nach der Operation kämpfte er trotz der Schmerzen weiter auf der Baustelle. Im April 2017 begann das Leben von ihm zu gehen. In seinen letzten Tagen bestand er darauf, an den Projektbesprechungen teilzunehmen und mit Kollegen per Telefon, E-Mail und persönlich zu kommunizieren, in der Hoffnung, dass das FAST-Projekt schnell abgeschlossen und die Testbeobachtungen durchgeführt werden konnten.

Am 15. September 2017 um 23:23 Uhr Pekinger Zeit, nur zehn Tage vor dem ersten Jahrestag der Inbetriebnahme des chinesischen Teleskops, fiel der 72-jährige Nan Rendong zusammen, bevor die guten Nachrichten vom chinesischen Teleskop eintrafen. Der Initiator und Gründer des FAST-Projekts beendete sein Leben in Zufriedenheit und Bedauern. Seine Frau Guo Jiazhen vergoss Tränen und sagte: „Sein größtes Bedauern war, dass das Schicksal ihm keine weitere Zeit gab, um noch mehr für FAST zu tun.“

Nan Rendong trug die tiefe Heimatliebe eines chinesischen Intellektuellen in sich. Diese Liebe bewog ihn dazu, den Wert seines Lebens an die Zukunft seines Landes zu knüpfen und sein persönliches Gewicht auf die Waagschale seines Landes zu legen. Der Schlüssel zu einem regierten Land und einer wohlhabenden und stabilen Gesellschaft liegt in den Händen von Talenten!

Jede gesellschaftliche Entwicklung und Fortschritt ist untrennbar mit der konstruktiven Rolle von Intellektuellen verbunden. Von Qian Xuesen, Deng Jiaxian bis hin zu Nan Rendong zeigen die herausragenden Leistungen dieser exzellenten Intellektuellen deutlich, dass sie stets im Einklang mit den nationalen Interessen und den Bedürfnissen des Volkes standen, keine Angst vor Schwierigkeiten hatten und mutig voranschritten.

Im Jahr 1993, als Wissenschaftler auf der Internationalen Konferenz der Union Radio-Scientifique Internationale in Japan vorschlugen, mehr Informationen aus dem Weltraum zu empfangen, bevor sich die globale Funkumgebung weiter verschlechtert, und ein neues Radioteleskop zu bauen, brachte Nan Rendong die Idee ein: „Lass uns auch eins bauen", die dann 23 Jahre lang umgesetzt wurde. Dies spiegelt auch den innovativen Geist der Intellektuellen wider. Im Vergleich zu einigen anderen Ländern begann China später mit der Modernisierung. Daher müssen die Intellektuellen mit dem Mut zur Innovation, Denkweisen und Wertvorstellungen, die weltweit führend sind, das fortschrittlichste Wissen und Können ergreifen und mit der Entwicklung Schritt halten.

In den letzten Jahren haben chinesische Wissenschaftler und Bauherren mit einer Reihe von Superprojekten das Wunder des „Überholens in der Kurve" geschrieben - vom grünen Gebäude Shanghai Tower bis zur Hongkong-Zhuhai-Macau-Brücke über das Meer, von der Erforschung des Himmelsauges bis zur Tiefseeforschung des Forschungs-U-Boot Jiaolong, von Shenzhou-Raumschiffen bis zum Hochgeschwindigkeitszug. Chinas Weisheit und Geschwindigkeit haben immer wieder den Glanz des modernen Chinas gezeigt, was die Menschen stolz macht und die Welt beeindruckt hat. All dies ist das Ergebnis unzähliger stiller Beiträge wie denen von Nan Rendong.

Nan sagte einmal: „Der schöne Weltraum ruft uns aufgrund seiner Mysterien und seiner Pracht dazu auf, die Mittelmäßigkeit zu überschreiten und in die unendliche Weite einzutreten." Kurz vor dem 19. Parteitag der KPCh gab die Nationale Astronomische Observatorium Chinas bekannt, dass das chinesische Teleskop mehrere neue Pulsare entdeckt habe - dies war das erste Mal, dass ein Radioteleskop in China Pulsare entdeckte. Die Worte von Professor Nan Rendong hinterlassen einen besonders tiefen Eindruck: „Wer sind wir? Woher kommen wir? Sind wir wirklich allein in diesem weiten Universum?" „Die Menschheit hat sich durch ihre Neugierde herausgehoben, von einer niederen Lebensform bis hin zur modernen Zivilisation. Es gibt einen Geist des Erkundens des Unbekannten."

Im Süden gibt es Herrn Nan, der auf der Suche nach Sternenträumen ist. Er hat sein ganzes Leben lang gebrannt, mit unsterblichen Leistungen das Rückgrat einer Nation in der Astronomie aufgerichtet! Mit 23 Jahren harter Arbeit hat er das Himmelsauge der Chinesen für das Universum geöffnet! Der Held ist jetzt weit weg, aber er wird nicht in Vergessenheit geraten!

Im November 2017 beschloss das Zentralkomitee der Kommunistischen Partei Chinas, Nan Rendong den Ehrentitel „Vorbild der Zeit" zu verleihen und die gesamte Gesellschaft dazu aufzurufen, von ihm zu lernen. Am 15. Oktober 2018 fand die Enthüllung des Denkmals des „Vorbilds der Zeit", des Giganten des Himmelsauges Nan Rendong, und die Namensgebung des „Nan Rendong Sterns" am Standort des 500-Meter-Apertur-Kugelteleskops im Kreis Pingtang der Provinz Guizhou statt. Die Enthüllung und Namensgebung wurden gemeinsam vom Zentralkomitee der Kommunistischen Partei Chinas, der Chinesischen Akademie der Wissenschaften und anderen relevanten Einheiten sowie dem Propagandabüro des Provinzkomitees von Guizhou organisiert. In Pingtang wurde das zweite Denkmal für Nan Rendong enthüllt, das erste Denkmal wurde bereits am 30. September desselben Jahres in Peking enthüllt.

Bei der Zeremonie enthüllten die teilnehmenden Führungskräfte gemeinsam das Denkmal von Herrn Nan Rendong. Es wurde vom Chinesischen Kunstmuseum geschaffen und zeigt einen Moment, in dem Nan Rendong sich voll und ganz auf die Erforschung wissenschaftlicher Fragen konzentriert. Die Hauptverantwortlichen des Büros für wissenschaftliche Kommunikation der Chinesischen Akademie der Wissenschaften überreichten dem Chinesischen Kunstmuseum eine Spendenurkunde für das Denkmal.

Die Hauptverantwortlichen der Nationalen Observatorien der Chinesischen Akademie der Wissenschaften verlasen bei der Zeremonie die internationale Namensbekanntmachung „Nan Rendong Stern": Am

25. September 2018 wurde nach Genehmigung durch das Komitee für die Benennung kleiner Himmelskörper der Internationalen Astronomischen Union offiziell beschlossen, dass der am 25. September 1998 von den Nationalen Observatorien der Chinesischen Akademie der Wissenschaften entdeckte kleine Planet mit der internationalen dauerhaften Nummer „79694“ offiziell den Namen „Nan Rendong Stern“ trägt. Der Projektleiter von FAST, Yan Jun, überreichte den Familienmitgliedern von Nan die Bekanntmachung, die Urkunde und die Umlaufbahnkarte des kleinen Planeten.

Die Benennung eines Asteroiden ist eine internationale und dauerhafte hohe Ehre. Die Nationalen Astronomischen Observatorien Chinas haben aus den Asteroiden, für die es Entdeckungs- und Benennungsrechte besitzt, den Asteroiden Nummer „79694“ ausgewählt und ihn „Nan Rendong Stern“ genannt.

Dies hat drei Bedeutungen: Erstens wurde dieser Asteroid am 25. September 1998 entdeckt, genau 18 Jahre vor der Inbetriebnahme des FAST-Teleskops; zweitens steht die „94“ in der internationalen Dauernummer „79694“ für die 23 Jahre von der Standortauswahl und Voruntersuchung im Jahr 1994 bis zur Inbetriebnahme des FAST im Jahr 2016, während denen Herr Nan unermüdlich fortfuhr. Schließlich wurde das offizielle Datum, an dem die Internationale Astronomische Union diesen Asteroiden benannte, auf den 25. September 2018 festgelegt, was dem zweiten Jahrestag der Inbetriebnahme von FAST entspricht sowie dem zwanzigsten Jahrestag der Entdeckung dieses Asteroiden.

Am 18. Dezember 2018 um 10 Uhr vormittags wurde die Feier zum 40-jährigen Jubiläum der Reform und Öffnung in der Großen Halle des Volkes in Peking feierlich abgehalten. Auf der Versammlung wurde die „Entscheidung des Zentralkomitees der Kommunistischen Partei Chinas und des Staatsrates zur Auszeichnung von Personen, die herausragende Beiträge zur Reform und Öffnung geleistet haben“, verlesen. Die Entscheidung wies darauf hin, dass das Zentralkomitee der Partei und der Staatsrat beschlossen haben, Yu Min und weiteren 100 Genossen den Titel „Pioniere der Reform“ zu verleihen, unter ihnen war auch Nan Rendong.

Am 17. September 2019, anlässlich des 70-jährigen Jubiläums der Gründung der Volksrepublik China, unterzeichnete Staatspräsident Xi Jinping einen Präsidentenerlass. Gemäß der Entscheidung des Ständigen Ausschusses der Dreizehnten Nationalen Volkskongresses, die am Nachmittag des 17. durch Abstimmung angenommen wurde, wurden 42 Personen mit dem Nationalorden und nationalen Ehrentiteln ausgezeichnet. Nan Rendong, Gu Fangzhou, Cheng Kaijia und weitere sechs Wissenschaftler wurden mit dem nationalen Ehrentitel „Volks-Wissenschaftler" geehrt! Dies ist zweifellos die höchste Anerkennung des Staates für Wissenschaftler wie Nan Rendong!

Das sogenannte Beharren bedeutet, an der vordersten Front zu stürmen und zu kämpfen, wo die Partei und das Volk einen am meisten brauchen, und sich jahrzehntelang unermüdlich der harten Arbeit zu widmen. Das sogenannte Innovieren bedeutet, der Sache der Partei und des Volkes mit unerschütterlicher Entschlossenheit und unbeugsamem Willen treu zu bleiben, aus dem Nichts etwas zu schaffen und fest an den idealistischen Überzeugungen festzuhalten, die einzig dem Wohl des Volkes dienen. Das sogenannte Opfern bedeutet, sich selbstlos seiner Arbeit an gewöhnlichen Arbeitsplätzen zu widmen, ohne Rücksicht auf persönlichen Gewinn oder Verlust, das Wohl der Allgemeinheit über das des Einzelnen zu stellen und den erhabenen Geist zu besitzen, bei dem es nicht darauf ankommt, dass ich Erfolg habe, sondern dass es Erfolg gibt.

All dies sind zweifellos die wahrhaftigsten Darstellungen von Nan Rendongs Leben. Eine Nation, ein Land hat nur dann Hoffnung, wenn es Helden wie ihn gibt, die immer wieder entscheiden, in die Sterne zu blicken. Es ist die Pflicht als Chinesen und diese deutlichen Charaktereigenschaften ihrer Beharrlichkeit, Innovation und Hingabe müssen gefördert werden. Die Verehrung von Helden ist unser höchstes Wertestreben!

Präsident Xi Jinping sagte bei der Preisverleihung: „Nur wenn man Helden verehrt, wird es Helden geben. Nur wenn man danach strebt, ein Held zu sein, wird es eine Fülle von Helden geben." Nan Rendong verkörpert lebhaft den Geist der chinesischen Nation und die Kernwerte des Sozialismus.

Die großartige Ära ruft nach großem Geist, und edle Taten benötigen Vorbilder. Nan Rendong war ein großer Meister des Himmelsauges, welcher mutig die große Aufgabe der nationalen Wiederbelebung übernahm. Er kämpfte bis zum letzten Moment seines Lebens für das wissenschaftliche Unterfangen und schrieb mit selbstloser Hingabe ein beeindruckendes wissenschaftliches Leben. Sein Patriotismus, wissenschaftlicher Geist, edle Gesinnung und herausragende Persönlichkeit sind vorbildlich und werden zweifellos zahlreiche Technologiewissenschaftler dazu inspirieren, den Geist des 19. Parteitags der KPCh umfassend umzusetzen, unter der Führung des Sozialismus chinesischer Prägung im neuen Zeitalter von Xi Jinping als Leitfaden zu dienen, die strategischen Ziele von Partei und Staat zu unterstützen, den Gipfel der Welttechnologie zu erklimmen und einen neuen Beitrag zur umfassenden Fertigstellung einer wohlhabenden Gesellschaft sowie zur Eröffnung einer neuen Reise beim Aufbau eines sozialistischen modernen Staates zu leisten.

In den 23 Jahren von der Auswahl des Standorts für FAST bis zur Fertigstellung hat Nan Rendong seine ganze Energie und sein ganzes Denken in den Fortschritt, den Bau und die Entwicklung des Projekts gesteckt. Trotz schwerer Krankheit kämpfte er weiterhin an vorderster Front und widmete sein ganzes Leben diesem nationalen Projekt. Er ist würdig des Titels „Vorbild unserer Zeit" und des nationalen Ehrentitels „Volksforscher".

Nan Rendong ist dahingeschieden, aber seine Geschichte ist noch nicht zu Ende. Er ist bereits eins mit FAST geworden. Nan Rendong und FAST zeigen vollständig den großartigen Schöpfungsgeist, Kampfgeist, Einheitsgeist und Traumgeist der chinesischen Nation und ermutigen die Menschen, ihre Anfänge nicht zu vergessen, ihre Missionen fest im Gedächtnis zu behalten und hartnäckig danach zu streben. Sie sollen weiterhin eine neue Reise zur Verwirklichung der großen Wiederbelebung der chinesischen Nation antreten, in einem neuen Zeitalter Großes leisten, neue Leistungen zeigen und neue Erfolge erzielen. Wir werden zweifellos mehr neue Entwicklungsleistungen auf dem Weg zum großen Wiederaufstieg der chinesischen Nation im Traum Chinas sehen.

Angesichts der Ehre, die ihm vom Staat verliehen wurde, verfasste seine Witwe, Frau Guo Jiazhen, dem Direktor des Nationalen Observatoriums, Yan Jun, einen bewegenden Brief via WeChat:

Mein Mann Nan Rendong hätte niemals erwartet, eine so hohe Ehrenbezeichnung zu erhalten. Er war nur ein gewöhnliches Mitglied unter Millionen von chinesischen Intellektuellen, so gewöhnlich, wie es nur sein kann. Er hat nie große Worte oder große Ambitionen gehabt. Er hat einfach seine Pflicht getan und sein ganzes Leben lang die Arbeit erledigt, die er erledigen sollte. Es ist dieses großartige Zeitalter, das ihn geformt hat. Es sind seine alltägliche Arbeit und sein Leben, die das außergewöhnliche Glanzlicht reflektieren. Es ist die reiche und tiefe chinesische Kultur, die ihn genährt hat und ihm eine ausgezeichnete Persönlichkeit gegeben hat: Bescheiden im Streben nach Ruhm und Reichtum, standhaft in der Verteidigung der Wahrheit, zuverlässig in seinen Versprechen und gutmütig und fleißig. Es sind zahlreiche Technologie-Respektspersonen, die ihn ausgebildet und beeinflusst haben und ihm umfassendes Wissen vermittelt haben. Sie haben seinen Mut geprägt, sich den Herausforderungen zu stellen und unbeirrbar an wissenschaftlichen Prinzipien festzuhalten. Er war dein Nachbar, Freund und Kollege. Was er tat, war nichts anderes als die Verantwortung eines jeden Chinesen in diesem großartigen Zeitalter zu erfüllen. Diese Medaille verkörpert nicht nur die Anerkennung seiner Persönlichkeit und Leistungen durch China und das Volk, sondern auch die Erwartungen von China und des Volkes an jeden gewöhnlichen Arbeiter. Sie liegt schwer in der Hand. Nicht Helden prägen ihre Zeit, sondern die Zeit formt Helden. Lassen Sie uns alle mit kleinen Schritten beginnen und weiter voranschreiten, um den großen Traum der chinesischen Nation zu verwirklichen.

Vor seinem Tod sagte er seiner Familie einmal: „Ich möchte wirklich nicht, dass sich jemand an mich erinnert." Sogar sein letzter Wille war „eine einfache Beerdigung, keine Gedenkfeier abhalten". Er kam sauber und ging unbemerkt, und was er hinterließ, war die Bescheidenheit und Standhaftigkeit eines Wissenschaftlers.

6.3 Fortführung der geistigen Verfassung und Erschließung der Zukunft

Zum Qingming-Fest 2019 besuchte Frau Guo Jiazhen, die Witwe von Nan Rendong, die Stätte des FAST in Guizhou, um ihrem Mann zu gedenken. Sie war sehr bewegt und verfasste folgenden herzzerreißenden und ergreifenden Gedenkartikel:

Die wilden Pfirsichblüten sind verblüht und die Zeit des Qingming ist wieder gekommen. Lieber Rendong, ich bin hier am Ort des FAST. Dies war einst dein Territorium, aber ich bin hier und du bist gegangen. An deiner Stelle steht eine Statue. Als ich sie anschaue, wünsche ich mir so sehr, deinem entschlossenen und tiefen Blick zu begegnen und noch einmal mit dir in Berührung zu kommen. Leider verschwimmen meine Augen vor Tränen und ich kann nichts sehen. Hast du mich vielleicht gesehen?

Das FAST war ein Teil deines Lebens und für mich ist es dein Denkmal. Ich berühre den Ringbalken und fühle eine Mischung aus Emotionen: Tief bewegt und auch etwas bitter. Unwillkürlich erinnere ich mich an ein Gedicht von Li Yu (937-978), das so passend ist: „Allein lehne nicht am Geländer an, unendliche Berge und Flüsse; Trennung ist leicht zu sehen, aber schwer zu ertragen. Fließendes Wasser, fallende Blumen, der Frühling vergeht im Himmel und auf der Erde." Du, dieser unscheinbare alte Mann, ein gewöhnlicher Mensch, hast tatsächlich etwas Außergewöhnliches erreicht. Ich hätte dich schon viel früher bewundern sollen.

Genau wie du einmal gesagt hast: „Das ist eine schöne Landschaft, eine wissenschaftliche Landschaft." Ich weiß genau, dass du alles gegeben hast, um jungen Astronomen dieses Werkzeug zur Himmelsbeobachtung zu hinterlassen. Ich hoffe auch, „dass sie Glück haben werden und bedeutende Ergebnisse erzielen können. Mit diesen Ergebnissen dem Land, der Öffentlichkeit und der Radioteleskopie-Gemeinschaft etwas zurückgeben können". Das wäre auch das beste Gedenken an dich.

Als du damals die Idee hattest, „das FAST in China zu bauen", warnte dich ein alter Kollege davor, dass große wissenschaftliche Projekte mit großen

Risiken verbunden seien, viel Zeit in Anspruch nehmen würden, keine Veröffentlichungen ermöglichen und keine Ergebnisse bringen würden. Es sei also nicht lohnenswert. Auch ich riet dir, gut darüber nachzudenken, aber du hast unbeirrt den Weg eingeschlagen.

In der Vorphase des FAST-Projekts fehlte es an Finanzmitteln. Du hast das Geld des Staates sparsamer verwendet als dein eigenes Geld. Bei Geschäften in der Stadt bist du nie mit dem Taxi gefahren, sondern hast immer dein Fahrrad benutzt. Für Dienstreisen außerhalb der Stadt bist du mit dem langsamen Zug gefahren und vor Ort mit öffentlichen Verkehrsmitteln gereist. Nach der offiziellen Genehmigung des FAST-Projekts gab es mehr Mittel und eine vielversprechende Zukunft. Du hattest das Selbstvertrauen, neue Mitarbeiter einzustellen, und viele ehemalige Mitarbeiter kehrten zurück. Endlich hatte das FAST ein angemessenes Team. Dennoch hast du unermüdlich gearbeitet, Tag für Tag, und alles selbst erledigt, ohne die Hilfe anderer in Anspruch zu nehmen. Du warst ein freier Mensch, aber bei diesem Projekt konntest du zwar beginnen, aber nicht aufhören.

Nach deinem Tod hat der Staat deine Persönlichkeit und Leistungen sehr hoch bewertet. Dir wurde der Ehrentitel „Vorbild unserer Zeit" und „Pionier der Reform" verliehen. Präsident Xi Jinping erwähnte sogar deinen Namen in seiner Neujahrsansprache. Ich habe mir unzählige Male vorgestellt, was du sagen würdest, wenn du noch am Leben wärst. Du hättest sicherlich wieder gesagt: „Ruhm und Ehre passen mir nicht. Die Ehre gebührt allen Mitarbeitern des FAST!"

Du hast den Kindern kein Vermögen hinterlassen, aber du hast einen kostbaren geistigen Reichtum weitergegeben, von dem sie ihr ganzes Leben lang profitieren werden! Ich kann dich beruhigen: Die Kinder haben dein Erbe erhalten und sind alle stark und verantwortungsbewusst geworden. Unsere Enkelin hat dein Talent für Malerei geerbt und hat kürzlich mehrere Zulassungsbescheide von verschiedenen Universitäten erhalten. Du wärst sicherlich sehr stolz darauf, oder? Deine geistige Stärke hat nicht nur die Familie inspiriert, sondern auch in der Gesellschaft große Resonanz gefunden. Du hast den Respekt vieler bekannter und unbekannter Menschen im In- und Ausland erlangt. Das Krankenhaus, in dem du dich am Lebensende behandeln ließen, zeigte großen Respekt gegenüber dir seitens der Ärzte und Pflegekräfte. Der behandelnde Arzt wies das Intensivpflegeteam ausdrücklich an: „Dies ist ein außergewöhnlicher Wissenschaftler, sehr klug und interessant, bitte tun Sie Ihr Bestes." Das Krankenhaus gewährte dir die größtmögliche Befreiung von medizinischen Kosten. Auch die Friedhofsverwaltung gewährte aufgrund ihrer Bewunderung für dich Preisnachlässe. Auf deine Urne sollte ein Keramikfoto mit einer Dicke von höchstens einem Millimeter angebracht werden. Nachdem ich das Netzwerk durchsucht hatte, konnte das dünnste verfügbare Foto nur auf 2,5 Millimeter hergestellt werden. Nachdem sie von meinem Bedarf erfahren hatten, importierte ein Hersteller aus Yiwu speziell Keramikplatten aus den Niederlanden, die den Anforderungen entsprachen. Nach mehreren Versuchen gelang es ihnen schließlich, sie zu brennen, und sie lehnten es entschieden ab, Gebühren zu erheben. Er sagte zu mir: „Dies ist ein großer Wissenschaftler, der einen enormen Beitrag für das Land geleistet hat. Diese Bestellung darf auf keinen Fall Geld kosten." An deinem Grab legen Menschen oft spontan Blumen nieder. Zwei Blumenverkäufer in der Nähe des Friedhofs nehmen sich regelmäßig Zeit, um deinen Grabstein zu reinigen und ihn sauberer erscheinen zu lassen als alle anderen in der Nähe. Einmal ging ich zur Bank, um eine Angelegenheit in deinem Namen zu erledigen. Der Bankangestellte erkannte deinen Namen und sagte respektvoll: „Ist das nicht der Mann, der das Himmelsauge gebaut hat? Er ist wirklich bemerkenswert!" Dies sind nur einige Beispiele von vielen. Ich bin sehr gerührt.

Vielleicht liegt es an unterschiedlichen Perspektiven, dass das Bild von dir in meinen Augen anders ist als das, was in den Medien berichtet wird. Du bist nicht so großartig und auch kein Held. Für mich bist du einfach jemand mit einer lebendigen Seele, aufrichtig, ehrlich, freundlich, humorvoll, eigenständig und verantwortungsbewusst. Aber du hast auch viele Fehler und behandelst unser Zuhause manchmal wie ein Hotel, wo du nur kurz vorbeischaust. Einmal war der Türgriff locker und du hast mich gebeten, ihn zu reparieren. Ich war sehr verärgert und schrie dich an: „Ist das etwas, was Frauen tun sollten?" Du lachtest und sagtest: „Ich kann nicht gut sehen!" Eigentlich habe ich dir das nie wirklich übel genommen. Jedes Mal, wenn du von der Arbeit nach Hause kamst, warst du so müde wie ein Schluck Wasser und fielst sofort auf die Couch und schliefst innerhalb von fünf Minuten ein. Ich konnte es nicht übers Herz bringen, dich mit all diesen Haushaltsaufgaben zu belasten. Nachdem du 60 Jahre alt geworden bist, hat sich deine Sehkraft stark verschlechtert und deine Fähigkeit zur Fokussierung abgenommen. In deiner Tasche trugst du oft zwei oder drei Le-

sebrillen mit unterschiedlichen Stärken. In einer Dokumentation über das FAST-Projekt sah man dich sogar mit zwei Brillen auf der Baustelle arbeiten. Du hast immer alles genau beobachtet und keine Mängel übersehen, weil du so engagiert und aufmerksam warst. Aus Angst um mich hast du selten über deine Arbeit zu Hause gesprochen. Die vielen wissenschaftlichen und technischen Schwierigkeiten sowie andere Risiken und Misserfolge, die du erlebt hast, habe ich größtenteils erst nach deinem Tod aus den Medien erst erfahren. Das bricht mir das Herz.

Du bist in diese Welt gekommen, um nicht nur an meiner Seite zu sein und die Freuden und Leiden des Lebens zu erfahren, sondern auch, um auf dem Land, das dich großgezogen hat, das Geheimnis des Universums im Namen der Menschheit zu erforschen und deine ganze Weisheit und Begabung zu opfern. Dein Leben war voller Legenden und wurde nicht vergebens gelebt. Ich bin stolz auf dich!

Unser Lebensweg war nicht immer einfach, aber er war voller Freude. Wenn es ein nächstes Leben gäbe, möchte ich es auch mit dir verbringen. Ich glaube fest daran: Dein Abschied bedeutet nur, dass du zum hellsten Stern am Himmel geworden bist, der von FAST aus betrachtet wird und über die geliebten Menschen wacht. Ich glaube fest daran: Du bist nur müde und hast früher geschlafen als ich. Schlaf wohl! Warte im Himmel auf mich.

Heutzutage ist Dawodang in Pingtang nicht nur ein Ort für astronomische Beobachtungen, der weltweit Aufmerksamkeit erregt, sondern auch ein Leuchtturm für die Entwicklung der Region.

Um die naturwissenschaftliche Allgemeinbildung von Schülern zu fördern, hat sich der Kreis Pingtang auf den Bau einer astronomischen Wissens- und Bildungsbasis in Pingtang gestützt. In den letzten zwei Jahren wurden ihm Titel wie „Nationale naturwissenschaftliche Bildungsbasis", „Eine der ersten zehn chinesischen Technologietourismusbasen", „Nationale naturwissenschaftliche Demonstrationsbasis" und „Nationale Forschungs- und Praxisbildungsstätte für Grund- und Mittelschüler" von verschiedenen nationalen Ministerien wie der Chinesischen Akademie der Wissenschaften, dem Nationalen Tourismusamt, dem Ministerium für Wissenschaft und Technologie und dem Bildungsministerium verliehen. Als standiger Sitz des Internationalen Forums für

Radioastronomie hat Pingtang bereits drei internationale Foren für Radioastronomie abgehalten, darunter das zweite chinesisch-französische SVOM-Satellitenwissenschaftsforum, bilaterale Konferenzen zwischen China und Südafrika über Radioastronomie, Weltraumgeodäsie und Raumfahrtwissenschaft sowie die neunte Konferenz zum Thema Weltraumschrott. Darüber hinaus haben namhafte Wissenschaftler wie Yang Zhenning, Nobelpreisträger Joseph Taylor und SKA-Generaldirektor Philip Diamond Pingtang besucht. Dadurch hat Pingtang erfolgreich einen effektiven Weg gefunden, um Forschung mit naturwissenschaftlicher Allgemeinbildung zu verbinden.

Seit der Inbetriebnahme von FAST am 25. September 2016 ist die astronomische Wissens- und Bildungsbasis in Pingtang zu einem beliebten Ziel für Forschungsreisen geworden. Innerhalb von vier Jahren wurden fast 1,8 Millionen Menschen aus dem ganzen Land wirksam über astronomische Wissenschaft aufgeklärt. Allein im Sommer 2018 kamen mehr als 500 Gruppen von Grund- und Mittelschülern aus dem ganzen Land zur Sommerforschung in die naturwissenschaftliche Bildungsbasis.

Der Nobelpreisträger für Physik, Joseph Taylor, lobt das chinesische Radioteleskop sehr.

Basierend auf den einzigartigen Ressourcenvorteilen hat der Kreis Pingtang den „Implementierungsplan für die astronomische Wissens- und Bildungsarbeit an Schulen im Kreis Pingtang" erstellt, um das naturwissenschaftliche Allgemeinbildungsniveau der Schüler durch die Erweiterung von astronomischen Lehrmaterialien und die Einführung von astronomischen Wissens- und Bildungskursen zu fördern. Es wurden international renommierte Astrophysiker wie Jocelyn Bell und der chinesische Akademiker und Chef-Wissenschaftler des Mondforschungsprojekts Ouyang Ziyuan eingeladen, um Vorträge über naturwissenschaftliche Allgemeinbildung für Lehrer und Schüler im ganzen Kreis zu halten.

Am 11. Mai 2020 fand in Peking ein Gespräch zwischen der Nationalen Astronomiebehörde und dem Kreis Pingtang in der Provinz Guizhou statt. Die Nationale Astronomiebehörde und der Kreis Pingtang tauschten sich über die jüngsten Maßnahmen zur Gewährleistung der Umweltsicherheit des Himmelsauges aus und erzielten Einigkeit über den Bau des Datenzentrums von FAST sowie die Zusammenarbeit bei der Entwicklung des chinesischen Himmelsauges als Touristenattraktion. Beide Seiten werden auf der Grundlage früherer Kooperationen eine tiefere Zusammenarbeit anstreben, um durch wissenschaftliche Methoden ein entsprechendes Frühwarn- und Kontrollsystem aufzubauen, das sowohl die lokale wirtschaftliche Entwicklung fördert als auch die elektromagnetische Umweltqualität des Himmelsauges sowie die Sicherheit der Umgebung nachhaltig gewährleistet, um eine Win-win-Situation und gegenseitigen Nutzen zu erreichen.

Der führende Beamte des Kreises Pingtang drückte seine Dankbarkeit für die langjährige Hilfe und Unterstützung der Nationalen Astronomiebehörde gegenüber dem Kreis Pingtang aus und erklärte, dass sie weiterhin die Anweisungen und Richtlinien von Generalsekretär Xi Jinping für das Himmelsauge sowie die Entscheidungen der Provinz- und Bezirksregierungen konsequent umsetzen werden. Sie werden weiterhin die relevanten Maßnahmen, Vorschriften und Meinungen zur Gewährleistung der Umweltsicherheit des Himmelsauges strikt einhalten und sich wie bisher für einen sicheren Betrieb des chinesischen Himmelsauges einsetzen, um das Ziel zu erreichen, „frühzeitig mehr gute und große Ergebnisse zu erzielen". Gleichzeitig hoffen sie, dass die

Nationale Astronomiebehörde weiterhin die Entwicklung der lokalen Angelegenheiten in Pingtang unterstützt, Pingtang bei der rechtzeitigen Umsetzung der umfassenden Armutsbekämpfung unterstützt, die Kommunikation und Zusammenarbeit verstärkt und gemeinsam daran arbeitet, die elektromagnetische Umweltqualität des Himmelsauges insgesamt stabil zu halten und zu verbessern sowie zur wirtschaftlichen und sozialen Entwicklung vor Ort beizutragen.

Die Nationale Astronomiebehörde drückte ihre aufrichtige Dankbarkeit gegenüber dem Parteikomitee und der Regierung des Kreises Pingtang sowie dem Volk von Pingtang für ihren Beitrag zum Bau und Betrieb von FAST aus. Sie betonte, dass seit Beginn des Projekts FAST vor etwa 26 Jahren eine tiefe Zusammenarbeit zwischen den beiden Parteien stattgefunden hat. Diese 26-jährige Zusammenarbeit hat nicht nur zu einem bedeutenden Meisterwerk für das Land geführt, sondern auch zu einer tiefen Verbundenheit und familiären Gefühlen zwischen der Astronomiebehörde und Pingtang. Sie hoffen auf eine weitere vertiefte Zusammenarbeit in Bereichen wie der Entwicklung touristischer Ressourcen im Kreis Pingtang, dem Betrieb des Himmelsauges als Touristenattraktion, der Markenkooperation mit dem Himmelsauge sowie der Pilotanwendung von 5G-Technologie zum Schutz des Himmelsauges. Gemeinsam wollen sie eine bessere Zukunft für beide Seiten schaffen.

Der Traum trägt das Risiko der Innovation Schritt für Schritt bis zum heutigen Tag. FAST ist heute das weltweit größte und empfindlichste Einzelapertur-Radioteleskop.

Peng Bo erinnert sich daran, dass er als Vertreter der ausländischen Studenten in einem deutschen Fernsehprogramm interviewt wurde und sagte: „Auch China muss einen Punkt auf die Entwicklungskurve der Empfindlichkeit im Teleskop setzen!“ Ein Freund sagte ihm privat nach diesen Worten: „Du wagst es, in Deutschland anzugeben. Wenn du einen Punkt setzen willst, musst der Punkt der Welt-best sein.“ „Welt-best ist gut!“, antwortete Peng Bo sehr entschlossen.

Von der Idee des FAST bis hin zur heutigen Entwicklung zu einem der weltweit sensibelsten Geräte sind 26 Jahre vergangen. Die Zeit war lang und unter den ersten drei Namen auf der Liste des FAST-Teams sind Nan Rendong und Wu Shengyin bereits zu den hellsten Sternen am Himmel geworden. Nie Yueping, Peng Bo, Zhu Boqin, die damals als junge Erwachsene zählten, tragen jetzt auch Lesebrillen.

Vor Kurzem hat das Himmelsauge sein „Auge" aktualisiert und eine neue Quelle installiert. Es ist derzeit das einzige 19-Strahl-Empfangsgerät auf der Welt. Im Vergleich zum alten Einzelstrahl-Empfänger kann diese neue Ausrüstung nicht nur die Effizienz des FAST bei der Himmelsdurchquerung um ein Vielfaches erhöhen, sondern auch mehrere wissenschaftliche Ziele gleichzeitig beobachten.

Am 13. Mai 2020 kam eine aufregende Nachricht: Das Himmelsauge entdeckte zum ersten Mal einen neuen schnellen Radioblitz. Einige Experten gehen davon aus, dass dies wahrscheinlich aus dem interstellaren Raum etwa 8,5 Milliarden Lichtjahre von der Erde entfernt stammt. Dieses mysteriöse astronomische Phänomen hat schnell die Fantasie und Erforschung außerirdischer Zivilisationen bei den Menschen ausgelöst.

Laut BBC-Bericht vom 2. Dezember 2020 gab die National Science Foundation der Vereinigten Staaten am Dienstag eine Erklärung ab, dass am Morgen des 1. Dezember 2020 um 7:55 Uhr Ortszeit das Arecibo-Teleskop in Puerto Rico zusammengebrochen sei und damit seine jahrzehntelange astronomische Entdeckungsreise beendet habe. Das Arecibo-Observatorium ist ein weltberühmtes Observatorium. In den mehr als 50 Jahren von seiner Fertigstellung im Jahr 1963 bis zur Fertigstellung des chinesischen 500-Meter-Apertur-Kugelteleskops im Jahr 2016 war das 305-Meter-Radioteleskop des Arecibo-Observatoriums das größte Einzelapertur-Radioteleskop der Welt und wurde in den drei Hauptforschungsbereichen der Radioastronomie, Atmosphärenwissenschaft und Radar-Astronomie eingesetzt.

Damit bleibt nur noch das chinesische Teleskop FAST, das sich in der Großgemeinde Kedu im Pingtang-Kreis des autonomen Bezirks Qiannan von der Guizhou Provinz befindet, als „einzige wichtige Einrichtung" im Bereich der Radioastronomie auf der Welt übrig. Im November vor dem Einsturz des Arecibo-Teleskops hielten die Nationale

Astronomische Observatorien der Chinesischen Akademie der Wissenschaften in Peking eine Pressekonferenz und verkündete, dass das chinesische Teleskop FAST ab 2021 für Wissenschaftler auf der ganzen Welt geöffnet werde und zum „riesigen Auge der Welt" werden solle.

Am 15. Dezember 2020 veröffentlichte die internationale wissenschaftliche Zeitschrift „Nature" die zehn wichtigsten wissenschaftlichen Entdeckungen des Jahres 2020, und die Forschungsergebnisse des FAST zu schnellen Radioblitzen wurden ausgewählt. Dies war das erste Mal, dass Astronomen schnelle Radioblitze in unserer Milchstraße beobachtet haben. Die neuesten Beobachtungen bestätigen, dass Neutronensterne (Magnetsterne) in extrem starken Magnetfeldern eine der Quellen für schnelle Radioblitze sind, und extrem starke Magnetfeld-Neutronensterne sind derzeit das einzige beobachtete und bestätigte astronomische Objekt, das schnelle Radioblitze erzeugen kann.

Am selben Tag berichtete die französische Nachrichtenagentur, dass ab dem 31. März 2021 um Mitternacht Pekinger Zeit das chinesische Teleskop FAST offiziell für Wissenschaftler auf der ganzen Welt geöffnet wird, was Chinas Vision als globales Forschungszentrum zeigt und den Grundsatz eines gemeinsamen Schicksals der Menschheit widerspiegelt.

Das vielversprechende Himmelsauge Chinas hat die Erwartungen nicht enttäuscht und bereits in der Testphase neue Pulsare gefunden. Bisher wurden insgesamt mehr als 300 Pulsare entdeckt, und Wissenschaftler werden mit dessen Hilfe weitere grundlegende Forschungen durchführen, um mehr unbekannte Himmelskörper, Phänomene und Gesetzmäßigkeiten im Universum zu entdecken. Es wird sich von einem „Spezialisten" für Pulsare zu einem international beachteten „Multifunktionsinstrument zur Himmelsbeobachtung" entwickeln.

Am 5. Februar 2021 vormittags hat Generalsekretär Xi Jinping in Guiyang herzlich die Verantwortlichen und führenden Wissenschaftler des chinesischen FAST-Projekts getroffen und sich über den Bauprozess, technologische Innovationen und internationale Kooperationen des Himmelsauges informieren lassen. Xi Jinping wies darauf hin, dass das Himmelsauge eine bedeutende nationale wissenschaftliche und technologische Infrastruktur, ein gigantisches Auge zum Himmel und ein wichtiges Instrument für das Land ist. Es stellt einen bedeutenden originären Durchbruch Chinas im Bereich der Spitzenwissenschaft dar. Eine große Anzahl von Wissenschaftlern und Technikern, repräsentiert durch Nan Rendong, hat stillschweigend gearbeitet und selbstlos beigetragen, was bewegend ist.

Xi Jinping hat per Video das Himmelsauge inspiziert und eine Verbindung mit den Vertretern der Wissenschaftler im Kontrollraum hergestellt, um ihnen sowie allen nationalen Wissenschaftlern ein frohes neues Jahr zu wünschen. Xi Jinping betonte, dass man zur umfassenden Errichtung eines sozialistisch modernisierten Landes an der Priorität der Wissenschaft festhalten muss und die Schlüsselrolle sowie die zen-

Das Himmelsauge Chinas blickt den Sternenhimmel auf.

trale Bedeutung der wissenschaftlichen Innovation ausspielen soll. Er ermutigte die Mitarbeiter im Bereich der Technologie, sich an herausragenden Wissenschaftlern wie Nan Rendong zu orientieren, den Geist der Wissenschaftler zu fördern, mutig die Spitze der Weltwissenschaft zu erklimmen, in einigen Bereichen eine führende Position einzunehmen und neue größere Beiträge zur Beschleunigung des Aufbaus einer wissenschaftlich starken Nation und zur Realisierung der wissenschaftlichen Selbstständigkeit und Stärkung zu leisten.

Ab dem 31. März 2021 können Wissenschaftler aus aller Welt über das Online-Verfahren bei den Nationalen Astronomischen Observatorien der Chinesischen Akademie der Wissenschaften Beobachtungsanträge einreichen. Die eingereichten Projekte werden vom FAST-Wissenschaftsausschuss und dem Zeitverteilungsausschuss geprüft, Vorschläge für die Projektauswahl unterbreitet und ab dem 1. August Beobachtungszeiten zugeteilt. Das Jahr 2021 ist das erste Jahr, in dem das Himmelsauge für Wissenschaftler weltweit geöffnet ist, und es wird erwartet, dass etwa 10 % der Beobachtungszeit an ausländische Wissenschaftler vergeben wird.

Zweifellos werden in der Zukunft nicht nur in den Bereichen Pulsare und neutrales Wasserstoffgas, sondern auch bei astronomischen Beobachtungen wie schnellen Radioausbrüchen weitere legendäre Geschichten aus China entstehen, die von der Vision von Wissenschaftlern wie Nan Rendong zeugen.

FAST-Chronik

Juni 1994: Das Pekinger Astronomische Observatorium richtete die LT-Arbeitsgruppe für große Radioteleskope ein, startete die Standortauswahl und begann eine 13-jährige kooperative Vorstudie.

März 1998: Das vollständige Konzept von FAST kam zur Welt.

April 1998: 20 wissenschaftliche gründeten Forschungsinstitute landesweit das FAST-Projektkomitee.

März 1999: Das erste Hauptprojekt des Wissensinnovationsprogramms der Chinesischen Akademie der Wissenschaften, „die Vorstudie zum großen Radioteleskop FAST" wurde gestartet.

Januar 2005: Das interdisziplinäre Schlüsselprojekt des Nationalen Naturwissenschaftsfonds „Neue Modelle für gigantische Radioteleskope" wurde ins Leben gerufen.

September 2005: erfolgreiches Bestehen der Expertenbewertung des Vorschlags für die nationale wissenschaftlich-technische Großinfrastruktur FAST, organisiert von der Chinesischen Akademie der Wissenschaften.

März 2006: Das Büro für Grundlagenwissenschaften der Chinesischen Akademie der Wissenschaften hielt eine internationale Bewertungs- und Beratungssitzung für das FAST-Projekt ab und empfahl einen schnellen Projektstart.

Juli 2007: Die Nationale Entwicklungs- und Reformkommission genehmigte offiziell den Projektstart von FAST.

Oktober 2008: Die Nationale Entwicklungs- und Reformkommission genehmigte den Durchführbarkeitsbericht des FAST-Projekts.

Dezember 2008: Der Grundstein für das FAST-Projekt wurde gelegt.

Februar 2009: Die Chinesische Akademie der Wissenschaften und die Regierung der Provinz Guizhou genehmigten das vorläufige Design und die Kostenschätzung des FAST-Projekts.

März 2011: Der Bau des FAST-Projekts begann offiziell.

Januar 2012: Das „973-Plan" wurde für die Erforschung von Hochenergie-Astrophysik im Radiobereich und die frühe wissenschaftliche Forschung des FAST gestartet.

Dezember 2012: Die Baugrube und das Hangsicherungsprojekt des FAST-Standorts wurden abgenommen.

Oktober 2013: Die „Verordnung zum Schutz der elektromagnetischen Ruhezone des 500-Meter-Apertur-Kugelteleskops in der Provinz Guizhou" wurde umgesetzt.

Dezember 2013: Die Stahlstruktur des Umfangs des FAST-Projekts wurde erfolgreich zusammengefügt.

November 2014: Das Projekt zur Herstellung und Installation des Feed-Support-Turms des FAST wurde akzeptiert.

Februar 2015: Das Projekt zur Montage des Netzes abgeschlossen.

November 2015: Der Feed-Kabinen (Ersatzkabine) des FAST-Projekts wurde erstmals erfolgreich angehoben, und die Plattform für den Kabinenstopp wurde abgenommen.

März 2016: Die Chinesische Akademie der Wissenschaften und die Regierung der Provinz Guizhou genehmigten gemeinsam eine Anpassung des vorläufigen Designs und der Kostenschätzung des FAST-Projekts.

Juni 2016: Das Projekt zur umfassenden Verkabelung des FAST wurde akzeptiert; Der Hauptteil der Feed-Kabine (Hauptkabine) wurde fertiggestellt.

September 2016: Die „Verordnung zum Schutz der Betriebsumgebung für elektromagnetische Ruhezonen des 500-Meter-Apertur-Kugelteleskops im autonomen Bezirk Qiannan der Bouyei und Miao" trat offiziell in Kraft. Im September 2016 wurde der Breitbandempfänger erfolgreich installiert, und die erste Pulsarbeobachtung mit dem FAST wurde abgeschlossen.

25. September 2016: Das FAST-Projekt wurde abgeschlossen.

August 2017: FAST entdeckte einen neuen Pulsar und erreichte den Durchbruch bei der Entdeckung von Pulsaren durch chinesische Radioteleskope.

10. Oktober 2017: Die ersten Ergebnisse von FAST wurden veröffentlicht: Bereits sechs Pulsare wurden entdeckt.

13. Dezember 2017: Die Feed-Kabine wurde abgenommen.

27. Februar 2018: FAST entdeckte erstmals einen Millisekunden-Pulsar.

29. Mai 2018: Die Einweihungszeremonie des FAST-Schlüssel-Labors der Chinesischen Akademie der Wissenschaften fand am Standort des FAST statt.

30. September 2018: Eine Ausstellung über die Leistungen von Nan Rendong, die Enthüllungszeremonie seiner Statue fand in Peking statt.

15. Oktober 2018: Die Nationalen Observatorien gaben bekannt, dass der im September 1998 entdeckte internationale permanente Asteroid mit der Nummer 79694 offiziell „Nan Rendong Stern" genannt wurde.

18. Dezember 2018: Auf der Feier zum 40. Jahrestag der Reform- und Öffnungspolitik wurde Nan Rendong von der Zentralen Führung der Kommunistischen Partei Chinas und dem Staatsrat mit dem Titel „Reformpionier" ausgezeichnet und erhielt die „Reformpionier"-Medaille.

31. Dezember 2018: Präsident Xi Jinping erwähnte in seiner Neujahrsansprache für das Jahr 2019 den „Nan Rendong-Stern".

Juni 2019: Das wissenschaftliche Komitee des 500-Meter-Apertur-Kugelteleskops wurde gegründet.

Juli 2019: Das Betriebs- und Entwicklungszentrum des FAST wurde von den Nationalen Observatorien gegründet.

September 2019: Dem FAST wurde der Titel „Demonstrationsbasis für patriotische Bildung" vom Zentralkomitee der Kommunistischen Partei Chinas verliehen. Außerdem erhielt es von der Chinesischen Akademie der Wissenschaften den Titel „Träumen durch Himmelsauge, Nation mit Aufrichtigkeit dienen" Basis für die parteiliche Bildung von Partei-Mitgliedern.

September 2019: Der Wissenschaftler Nan Rendong erhielt den nationalen Ehrentitel „Volksforscher".

Dezember 2019: Es wurde bestätigt, dass mehr als 100 Pulsare entdeckt wurden.

11. Januar 2020: Das 500-Meter-Apertur-Kugelteleskop bestand erfolgreich die nationale Abnahmeprüfung und wurde offiziell in Betrieb genommen.

4. November 2020: Die Nationalen Observatorien in Peking hielten eine Pressekonferenz ab, um über den Betrieb des Himmelsauges und die neuesten wissenschaftlichen Ergebnisse zu informieren.

15. Dezember 2020: Die Ergebnisse der Schnellen Radioblitze (FRB) des Himmelsauges wurden in die Liste der zehn wichtigsten wissenschaftlichen Entdeckungen von „Nature" im Jahr 2020 aufgenommen.

Übersetzerin

Cui Can, geboren in Luoyang, studierte erst Germanistik an der Henan-Universität und dann Asienwissenschaften an der Universität Bonn, wobei sie ein Austauschsemester als JASSO-Stipendiatin nach Tokyo führte. Seit dem Abschluss ihres Masters in Translation übersetzt sie hin und wieder Bücher, zum Beispiel von Christine Nöstlinger, Luise Reddemann, Zibing Tian, Dong Liu und Tazuko Iki aus dem Deutschen, Chinesischen oder Japanischen. Seit 2021 ist sie Mitglied im Bundesverband der Dolmetscher und Übersetzer (BDÜ).

Lektorat

Alexander Schlote wurde in Bonn geboren, wo er zunächst Asienwissenschaften studierte. Ein Austauschjahr verbrachte er dabei an der Universität Tsukuba in Japan. Das anschließende Masterstudium an der Universität Bonn im Fachbereich Translation führte ihn außerdem nach Qingdao an der Chinesischen Ozean-Universität.